Helmut Lange

Besser RECHNEN ohne Taschenrechner

Erstaunliche Rechentricks

mvgverlag

Bibliografische Information der Deutschen Nationalbibliothek
Die Deutsche Nationalbibliothek verzeichnet diese Publikation in der Deutschen Nationalbibliografie; detaillierte bibliografische Daten sind im Internet über https://dnb.de abrufbar.

Für Fragen und Anregungen:
info@m-vg.de

Originalausgabe, 6. Auflage 2026

Türkenstraße 89
80799 München
Tel.: 089 651285-0

Umschlaggestaltung: Manuela Amode, München
Umschlagabbildung: Shutterstock/AnastasiaSonne, Shutterstock/STOCK-MAMBAdotCOM
Satz: Georg Stadler, München
Druck: ScandBook, Litauen
Printed in the EU

ISBN Print 978-3-86882-841-2
ISBN E-Book (PDF) 978-3-96121-078-7
ISBN E-Book (EPUB, Mobi) 978-3-96121-077-0

Wir produzieren nachhaltig
www.m-vg.de

Weitere Informationen zum Verlag finden Sie unter

www.mvg-verlag.de

Beachten Sie auch unsere weiteren Verlage unter www.m-vg.de

Inhalt

Vorwort

In der Schule wir das Kopfrechnen kaum noch vermittelt. Werden wir im Alltag mit Rechenaufgaben konfrontiert, sind Smartphone und Taschenrechner meist auch gleich zur Hand. Warum sich den Kopf zerbrechen, wenn es uns allen doch so leicht gemacht wird? Wir verlernen, einfachste mathematische Aufgaben im Kopf zu rechnen, und tippen 20 : 5 oder 7 x 9 in den Taschenrechner ein. Dabei kann Kopfrechnen auch richtig Spaß machen, gerade dann, wenn man ein paar Rechentricks oder Denkalternativen anwendet, die den meisten unbekannt sind. Somit ist dem Kopfrechner oft die Bewunderung der anderen sicher, ähnlich wie bei einem Zaubertrick. Und wie es eben so ist mit Zaubertricks: Zaubertricks verrät man nicht.
Aber wie soll das Erlernen von Kopfrechnen gelingen? Gilt nicht: Einmal Mathemuffel, immer Mathemuffel?
Durch die Vermeidung von Zwischenergebnissen, die sich kaum einer merken kann, durch das Ersetzen komplexer Rechenschritte in mehrere einfache Rechenschritte oder durch die Neugestaltung der Reihenfolge der Rechenschritte, um damit unser Gehirn weniger zu belasten, könnte ein Anfang gemacht sein. Wenn möglich, versucht man auch noch von links nach rechts zu rechnen, um ziemlich schnell das Ergebnis aufsagen zu können.
Ziel dieses Buches ist es, das Interesse am Kopfrechnen zu erhöhen. Vielleicht wirst du nicht gleich Kopfrechenweltmeister, aber darum geht es ohnehin nicht. Es ist schon viel erreicht, wenn du bei den nächsten kleinen mathematischen Herausforderungen den Taschenrechner in der Tasche lässt und stattdessen den Kopf benutzt.
Vieles im vorliegenden Buch wird dir womöglich neu erscheinen, es sei denn, du hast dich schon vorher mit der Kunst des Kopfrechnens auseinandergesetzt und bist kein Neuling mehr auf diesem Gebiet. Während der erste Teil – *Rechnen ohne Taschenrechner* – eher eine Art systematisch geordnetes Nachschlagewerk ist, nähert sich das vorliegende Buch Schritt für Schritt den alltäglichen Rechenfeldern wie Prozentrechnen, Berechnen von Wechselgeld, Teilen und Multiplizieren auf einfachstem Niveau.

Ihr Helmut Lange

Teilen und Multiplizieren mit 10/100

Multiplizieren mit 10

Wenn du eine ganze Zahl mit 10 multiplizierst, dann hänge einfach eine 0 ans rechte Ende der Zahl. Die Zahl wird dadurch um das 10-fache größer.

$$23 \times 10 = 230$$

Bei einer Zahl mit Komma verschiebt man das Komma um eine Stelle nach rechts.

$$2{,}30 \times 10 = 23{,}0 = 23$$

Angenommen, hinter dem Komma steht nur noch eine Null, dann kannst du die Null und das Komma komplett weglassen.

Teilen durch 10

Das Teilen funktioniert so ähnlich wie das Multiplizieren, nur anders herum. Eine ganze Zahl teilst du durch 10, indem du das Komma um eine Stelle von rechts nach links verschiebst.
Eine ganze Zahl mit Komma darzustellen, ist meist überflüssig, es sei denn, es handelt sich um eine Währungsangabe. Anstelle von 23 € schreibt man häufig 23,00 € mit Komma. Zum besseren Verständnis stellen wir uns das Komma vor, um es beim Teilen verschieben zu können.

$$23 : 10 = 23{,}0 : 10 = 2{,}3$$

Wenn du eine Zahl durch 10 teilst und links vom Komma nichts mehr steht, setze dort einfach eine Null ein.

$$2{,}3 : 10 = 2{,}3 : 10 = 0{,}23$$

Verschiebt sich das Komma nach links, wird die Zahl kleiner. Verschiebt sich das Komma nach rechts, wird die Zahl größer.

Teilen und Multiplizieren mit 100

Ähnlich wie beim Teilen und Multiplizieren mit der 10 verhält es sich mit der 100. Einziger Unterschied: Wenn du eine Zahl mit 100 multiplizierst, dann verschiebt sich das Komma um zwei Stellen nach rechts.

$$23{,}35 \times 100 = 2335{,}00$$

Bei einer glatten Zahl (Zahl ohne Komma) hängst du am rechten Ende zwei Nullen an.

$$2 \times 100 = 200$$

Beim Teilen verschiebt sich das Komma dementsprechend um zwei Stellen nach links.

$$123{,}4 : 100 = 1{,}234$$

Wenn du eine glatte Zahl mit Nullen durch 100 teilst, dann streiche zwei Nullen weg.

$$2000 : 100 = 20$$

Das Teilen durch 100 spielt beim Rechnen mit Prozenten eine Rolle.

Das Verschieben des Kommas funktioniert auch dann, wenn du mit 1000 multiplizierst oder durch 1000 teilst. In diesem Fall verschiebt sich das Komma um drei Stellen nach rechts bzw. links.

Halbieren und Verdoppeln

Multiplizieren mit 2 (Verdoppeln)

Beim Verdoppeln einer Zahl addierst du die Zahl einmal mit sich selbst.

einstellige Ergebnisse	zweistellige Ergebnisse
$0 + 0 = 0$	$5 + 5 = 10$
$1 + 1 = 2$	$6 + 6 = 12$
$2 + 2 = 4$	$7 + 7 = 14$
$3 + 3 = 6$	$8 + 8 = 16$
$4 + 4 = 8$	$9 + 9 = 18$

Es fällt dir vielleicht auf, dass die Ergebnisse von „0 + 0“ bis „4 + 4“ einstellig sind und die Ergebnisse von „5 + 5“ bis „9 + 9“ zweistellig. Also: Wenn du die Ziffern von 0 bis 4 mit 2 multiplizierst, dann kommen einstellige Ergebnisse raus. Wenn du die Ziffern von 5 bis 9 verdoppelst, dann erhältst du zweistellige Ergebnisse. Diese Feststellung ist wichtig, wenn du mehrstellige Zahlen verdoppeln möchtest.

$11 + 11 = 22$ $\quad$ $33 + 33 = 66$

$12 + 12 = 24$ $\quad$ $34 + 34 = 68$

$21 + 21 = 42$ $\quad$ $42 + 42 = 84$

Bei der Verdopplung der kleinsten zweistelligen Zahl (also 10) bleibt das Ergebnis zweistellig:

$$10 + 10 = 20$$

Ist die Zehnerstelle kleiner als 5, so bleibt das Ergebnis zweistellig:

$$49 + 49 = 98$$

Ist der Zehner größer oder gleich 5, so wird das Ergebnis bei der Verdopplung dreistellig:

$$50 + 50 = 100$$

Selbst bei der Verdopplung der größten zweistelligen Zahl (also 99) ist das Ergebnis immer noch dreistellig:

$$99 + 99 = 198$$

Größere Zahlen werden verdoppelt, indem man die Zahl zunächst in Gruppen aufteilt:

$$215456 = \boxed{2}\ \boxed{15}\ \boxed{456}$$

Gruppe 1 / Gruppe 2 / Gruppe 3

Gruppe 1: Einstellige Ziffern kleiner als 5
Gruppe 2: Zweistellige Zahlen, deren Einer größer oder gleich 5 ist
Gruppe 3: Dreistellige Zahlen, deren Einer und Zehner jeweils größer oder gleich 5 sind

Am linken Rand jeder Gruppe muss die Ziffer kleiner als 5 sein.
Am rechten Rand von Gruppe 2 und Gruppe 3 muss die Ziffer größer oder gleich 5 sein.

Beim Verdoppeln bleibt die Gruppe 1 einstellig, Gruppe 2 zweistellig und Gruppe 3 dreistellig.

Wenn du die einzelnen Gruppen jetzt verdoppelst, hast du bereits das Ergebnis:

$$4/30/912$$

Der große Vorteil bei dieser Vorgehensweise ist, dass du von links nach rechts rechnest und du gleich mit Aufschreiben des Ergebnisses beginnen kannst.

Unterteile die Zahl erst in Gruppen, bevor du sie verdoppelst.

a) 1342625 x 2 = ____________

b) 4206601 x 2 = ____________

c) 3250714 x 2 = ____________

d) 8125091 x 2 = ____________

e) 2924902 x 2 = ____________

f) 4924097 x 2 = ____________

Lösungen:

a) 1/3/4/26/25 x 2 = 2/6/8/52/50
b) 4/2/066/0/1 x 2 = 8/4/132/0/2
c) 3/25/07/1/4 x 2 = 6/50/14/2/8
d) 8/1/25/09/1 x 2 = 16/2/50/18/2
e) 29/2/49/0/2 x 2 = 58/4/98/0/4
f) 49/2/4/097 x 2 = 98/4/8/194

Wenn viele Ziffern größer oder gleich 5 hintereinanderstehen, dann wird es ein bisschen schwieriger. Gehe wie folgt vor:

$$756 \times 2 =$$

Zuerst den Hunderter verdoppeln:	Das Doppelte von 700 = 1400
Dann den Zehner verdoppeln:	Das Doppelte von 50 = 100
Dann den Einer verdoppeln:	Das Doppelte von 6 = 12
Und am Ende alles addieren:	

$$1400 + 100 + 12 = 1512$$

Mit der gleichen Methode kannst du auch größere Zahlengruppen wie Tausender oder Zehntausender verdoppeln.

Beispiel mit Tausender:
5.566 x 2 = 10.000 + 1000 + 120 + 12 = 11.132

Beispiel mit Zehntausender:
95.655 x 2 = 180.000 + 10.000 + 1200 + 100 + 10 = 191310

Jetzt bist du dran:

a) 558 x 2 = ____________________

b) 569 x 2 = ____________________

c) 666 x 2 = ____________________

d) 578 x 2 = ____________________

e) 5699 x 2 = ____________________

f) 55889 x 2 = ____________________

Lösungen:

a) 1000 + 100 + 16 = 1116
b) 1000 + 120 + 18 = 1138
c) 1200 + 120 + 12 = 1332
d) 1000 + 140 + 16 = 1156
e) 10.000 + 1200 + 180 + 18 = 11.398
f) 100.000 + 10.000 + 1600 + 160 + 18 = 111.778

Auch Zahlen mit einem Komma kannst du mithilfe dieses Tricks verdoppeln.

243,82 x 2 =

Gruppen bilden 2/4/3,8/2 x 2 =

Gruppen verdoppeln 4/8/7,6/4

Deine Aufgaben: Teile in Gruppen auf

a) 41,08 x 2 = ____________________

b) 2,204 x 2 = ____________________

c) 2,251 x 2 = ____________________

d) 0,228 x 2 = ____________________

e) 9,123 x 2 = ____________________

f) 5,527 x 2 = ____________________

Lösungen:

a) 4/1,/08 x 2 = 8/2,/16
b) 2,/2/0/4 x 2 = 4,/4/0/8
c) 2,/25/1 x 2 = 4,/50/2
d) 0,/2/28 x 2 = 0,/4/56
e) 9,/1/2/3 x 2 = 18,/2/4/6
f) 5,5/27 x 2 = 11,0/54

Merke: Bilde Gruppen, die beim Verdoppeln keine Stelle hinzubekommen.

Teilen durch 2 (Halbieren)

Wenn du die Denkabkürzung beim Multiplizieren mit der 2 verstanden hast, wird dir der nächste Schritt auch nicht schwerfallen. Beim Teilen durch die Zahl 2 verwendest du den gleichen Rechentrick und drehst ihn nur um.

Also: Halbiere eine Zahl, indem du sie in Gruppen aufteilst und anschließend die Gruppen halbierst. Wichtig dabei ist, dass am rechten Rand einer Gruppe immer eine gerade Ziffer steht.

	1234 : 2 =
Gruppen bilden	12/34 : 2 =
Gruppen halbieren	6/17

Weil bei ungeraden Ziffern das Halbieren immer mit Hälften endet, musst du beim Gruppieren darauf achten, dass der Einer der Gruppe eine gerade Ziffer ist. Wir wollen hier keine halben Sachen machen.

Halbieren von Ziffern

0 : 2 = 0	5 : 2 = 2,5
1 : 2 = 0,5	6 : 2 = 3
2 : 2 = 1	7 : 2 = 3,5
3 : 2 = 1,5	8 : 2 = 4
4 : 2 = 2	9 : 2 = 4,5

Falsch gruppiert:
Wenn du hier die Gruppen halbierst, kommen Halbe heraus.

250328 : 2 =
25/03/28 : 2 = 12,5/01,5/4

Richtig gruppiert:
Wenn du hier die Gruppen halbierst, kommen ganze Zahlen heraus.

250328 : 2 =
2/50/32/8 : 2 = 1/25/16/4

Wenn du eine zweistellige Gruppe halbierst, muss sie zweistellig bleiben. 18 halbiert ist 09. Für eine Gruppe, die drei- oder mehrstellig ist, gilt das natürlich ebenfalls. 110 halbiert ist 055. Alles klar?

Rechne selbst. Nicht vergessen Gruppen zu bilden.

a) 123456 : 2 = ______

b) 880014 : 2 = ______

c) 325062 : 2 = ______

d) 9011070 : 2 = ______

e) 9901226 : 2 = ______

f) 9701326 : 2 = ______

Lösungen:

a) 12/34/56 : 2 = 6/17/28
b) 8/8/0/0/14 : 2 = 4/4/0/0/07
c) 32/50/6/2 : 2 = 16/25/3/1
d) 90/110/70 : 2 = 45/055/35
e) 990/12/26 : 2 = 495/06/13
f) 970/132/6 : 2 = 485/066/3

Jetzt kannst du auch Zahlen mit Komma halbieren.

143,82 : 2

Gruppen bilden 14/3,8/2 : 2 =

Gruppen halbieren 7/1,9/1

Deine Aufgaben: Teile erst in Gruppen auf.

a) 4,808 : 2 = ______________________

b) 2,304 : 2 = ______________________

c) 22,56 : 2 = ______________________

d) 0,838 : 2 = ______________________

e) 8,123 : 2 = ______________________

f) 5,521 : 2 = ______________________

Wenn am Ende eine ungerade Ziffer steht, dann lass beim Halbieren einfach das Komma weg.

Lösungen:

a) 4,/8/0/8 : 2 = 2,/4/0/4

b) 2,/30/4 : 2 = 1,/15/2

c) 2/2,/56 : 2 = 1/1,/28

d) 0,/8/38 : 2 = 0,/4/19

e) 8,/12/3 : 2 = 4,/06/1(,)5

f) 5,52/1 : 2 = 2,76/0(,)5

Ist die letzte Ziffer eine ungerade Ziffer, dann kannst du sie durch 2 teilen.

321 : 2 =

32/1 : 2 = 16/0,5

Bei zwei- und mehrstelligen Zahlen, die ausschließlich aus ungeraden Ziffern bestehen, ist das Halbieren ähnlich wie beim Verdoppeln etwas schwieriger.

Beispiel 1

$$79 : 2 =$$

Zuerst den Zehner halbieren: Die Hälfte von 70 = 35
Dann den Einer halbieren: Die Hälfte von 9 = 4,5
Jetzt alles addieren:

$$35 + 4{,}5 = 39{,}5$$

Hier führt eine andere Vorgehensweise vielleicht schneller zum Ergebnis: 79 auf 80 aufrunden, halbieren (= 40) und dann noch einen halben Einer abziehen (= 39,5).

Beispiel 2

$$553 : 2 =$$

Zuerst den Hunderter halbieren: Die Hälfte von 500 = 250
Dann den Zehner halbieren: Die Hälfte von 50 = 25
Als Nächstes den Einer halbieren: Die Hälfte von 3 = 1,5
Und am Ende alles addieren:

$$250 + 25 + 1{,}5 = 276{,}5$$

Jetzt bist du wieder dran:

a) 551 : 2 = _____ b) 759 : 2 = _____

c) 333 : 2 = _____ d) 573 : 2 = _____

e) 695 : 2 = _____ f) 197 : 2 = _____

Lösungen:

a) 250 + 25 + 0,5 = 275,5
b) 350 + 25 + 4,5 = 379,5
c) 150 + 15 + 1,5 = 166,5
d) 250 + 35 + 1,5 = 286,5
e) 300 + 45 + 2,5 = 347,5
f) 50 + 45 + 3,5 = 98,5

Teilen und Multiplizieren mit der 5 und der 9

Teilen durch 5 (Zahlen ohne Komma)

Ziel ist es, Zahlen im Kopf durch 5, 50 oder 500 zu teilen, aber auch durch die kleineren Verwandten der 5 wie 0,5 oder 0,05 usw.

$$16 : 5 =$$

Teile eine ganz Zahl durch 5, indem du sie erst verdoppelst und anschließend durch 10 teilst. Das Teilen durch 10 lässt das Komma um eine Stelle nach links wandern.

Schritt 1:

$$16 \times 2 = 32$$

verdoppeln

Schritt 2:

$$32{,}0 : 10 = 3{,}2$$

durch 10 teilen

Deine Aufgaben:

a) 11 : 5 = ______ b) 12 : 5 = ______

c) 31 : 5 = ______ d) 24 : 5 = ______

e) 41 : 5 = ______ f) 44 : 5 = ______

g) 51 : 5 = ______ h) 111 : 5 = ______

i) 123 : 5 = ______ j) 151 : 5 = ______

k) 261 : 5 = ______ l) 888 : 5 = ______

m) 998 : 5 = ______ n) 589 : 5 = ______

Lösungen:

a) 2,2 b) 2,4 c) 6,2 d) 4,8 e) 8,2 f) 8,8

g) 10,2 h) 22,2 i) 24,6 j) 30,2 k) 52,2

l) (1600 + 160 + 16) : 10 = 177,6 m) (2 x 1000 – 4) : 10 = 199,6

n) (1000 + 160 + 18) : 10 = 117,8

Manchmal ist es tatsächlich einfacher, um die Ecke zu denken, als den direkten Weg zu nehmen. Das kannst du am Beispiel mit der 5 gut erkennen. Eine Zahl zu verdoppeln und dann durch 10 zu teilen, ist einfacher, als sie durch 5 zu teilen. Es kommt aber das Gleiche dabei raus. Denn 5 Zwillingspaare müssen durch 10 teilen (x 2 und :10), während 5 Geschwister durch 5 teilen müssen (:5). Logo, oder?

Jetzt kommt der gleiche Trick nur anders herum – und wird deshalb auch nicht schwieriger.

Multiplizieren mit 5 (kleine Zahl)

Um eine Zahl mit 5 zu multiplizieren, multipliziere sie erst mit 10 und halbiere sie anschließend. Beim Multiplizieren mit 10 hängst du eine Null an oder verschiebst das Komma – falls vorhanden – um eine Stelle nach rechts.

16 x 5 =

Schritt 1:

16 x 10 = 160

(mit 10 multiplizieren)

Schritt 2:

$$160 : 2 = 80$$

(halbieren)

Deine Aufgaben:

a)	1,2 x 5 = ____	b)	2,4 x 5 = ____
c)	6,4 x 5 = ____	d)	3,2 x 5 = ____
e)	2,8 x 5 = ____	f)	42 x 5 = ____
g)	32 x 5 = ____	h)	44 x 5 = ____
i)	58 x 5 = ____	j)	22,2 x 5 = ____
k)	12,2 x 5 = ____	l)	1,52 x 5 = ____
m)	26,1 x 5 = ____	n)	88,8 x 5 = ____
o)	0,3 x 5 = ____	p)	0,02 x 5 = ____

Lösungen:

a) 6 b) 12 c) 32 d) 16 e) 14 f) 210

g) 160 h) 220 i) 290 j) 111 k) 61 l) 7,6

m)130,5 n) 444 o) 1,5 p) 0,1

Multiplizieren mit 5 (große Zahlen)

Um eine große Zahl mit 5 zu multiplizieren, multipliziere sie erst mit 10 (Null anhängen oder Komma nach rechts verschieben) und bilde dann von links nach rechts Gruppen, die du halbieren kannst, also ausschließlich gerade Zahlen.

Beispiel 1

22403452 x 5 =

Schritt 1:

224034520

(mit 10 multiplizieren)

Schritt 2:

2/2/40/34/52/0

(in Gruppen aufteilen mit geraden Zahlen)

Schritt 3:

1/1/20/17/26/0

die Gruppen halbieren

Beispiel 2

341290 x 5 =

Schritt 1:

3412900

(mit 10 multiplizieren)

Schritt 2:

34/12/90/0

(in Gruppen aufteilen mit geraden Zahlen)

Wichtig: Wenn eine Gruppe zweistellig ist, muss die Hälfte ebenfalls zweistellig sein. Also wird aus 12 nicht 6, sondern 06. Gleiches gilt für dreistellige Gruppen, vierstellige Gruppen usw.

Schritt 3:

17/06/45/0

die Gruppen halbieren

Probiere du es. Multipliziere zuerst mit 10.

a) 224466 x 5 = ________

b) 44882 x 5 = ________

c) 305070 x 5 = ________

d) 323430 x 5 = ________

e) 130510 x 5 = ________

f) 51033,2 x 5 = ________

g) 390,22 x 5 = ________

h) 447709 x 5 = ________

i) 837007,01 x 5 = ________

Lösungen:

a) 2/2/4/4/6/6/0; halbieren: 1/1/2/2/3/3/0

b) 4/4/8/8/2/0; halbieren: 2/2/4/4/1/0

c) 30/50/70/0; halbieren: 15/25/35/0

d) 32/34/30/0; halbieren: 16/17/15/0

e) 130/510/0; halbieren:

f) 510/332; halbieren: 255/166

g) 390/2,/2; halbieren: 195/1,/1

h) 4/4/770/90; halbieren: 2/2/385/45

i) 8/370/0/70,/1; halbieren: 4/185/0/35,/05

Prozentrechnen mit 5 (5%)

5% von 60 € =

Schritt 1:

60 € : 100 = 0,60 €

Geldbetrag durch 100 teilen (= 1%)

Nun muss dieser Wert mit 5 multipliziert werden, um die gesuchten 5% zu erhalten. Wie auf den vorherigen Seiten multiplizierst du mit 5, indem du erst mit 10 multiplizierst und dann durch 2 teilst.

Schritt 2:

0,60 € x 10 = 6,00 €

mit 10 multiplizieren (= 10%)

Schritt 3:

6,00 € : 2 = 3,00 €

halbieren (= 5%)

Du kannst den ersten Schritt (:100) und den zweiten Schritt (x10) zusammenfassen (:10). Die zwei neuen Schritte lauten:

Schritt 1:

60 € : 10 = 6 €

durch 10 teilen (= 10%)

Schritt 2:

6 € : 2 = 3 €

halbieren (= 5%)

Deine Aufgaben. Beim Halbieren kannst du Gruppen bilden.

a) 5% von 122,00 = __________

b) 5% von 2330,00 = __________

c) 5% von 34,56 = __________

d) 5% von 2245344,66 = __________

Lösungen:

a) 122 : 10 = 12,2; halbieren: 6,1

b) 2330 : 10 = 233; halbieren: 2/33 : 2 = 116,5

c) 34,56 : 10 = 3,456; halbieren: 3,4/56 : 2 = 1,728

d) 2245344,66 : 10 = 224534,466;
halbieren 2/2/4/534/,4/6/6 : 2 = 112267,233

Teilen durch 5 (große Zahlen)

Um eine große Zahl durch 5 zu teilen, bilde von links nach rechts Gruppen, die du jeweils verdoppeln kannst, ohne dass dabei zusätzliche Stellen entstehen. Wenn du mit dem Verdoppeln der Zahlengruppen fertig bist, dann teile durch 10, indem du das Komma um eine Stelle nach links verschiebst.

Beispiel 1

$$113422 : 5 =$$

Schritt 1:

$$1/1/3/4/2/2$$

in Gruppen aufteilen

In diesem Beispiel bildet jede Ziffer eine einzelne Gruppe, da jede verdoppelte Ziffer einstellig bleibt.

Schritt 2:

$$2/2/6/8/4/4$$

Gruppen verdoppeln

Schritt 3:

$$22684{,}4$$

durch 10 teilen

Die folgenden Aufgaben bestehen nur aus Ziffern 0 bis 4. Diese kannst du alle verdoppeln, ohne dass sie zweistellig werden.

a) 234411 : 5 = ________

b) 44332 : 5 = ________

c) 304220 : 5 = ________

d) 423031 : 5 = ________

Lösungen:

a) 46882,2 b) 8866,4 c) 60844 d) 84606,2

Beispiel 2

$$4506 : 5 =$$

Schritt 1:

$$45/06$$

Befinden sich Ziffern in der Zahl, die größer oder gleich 5 sind, dann ziehe rechts davon einen Strich. Sofern vor diesen Ziffern jeweils eine Ziffer zwischen 0 und 4 steht, erhältst du auf diese Weise deine Gruppen.

Schritt 2:

90/12

Gruppen verdoppeln

Bei der Verdopplung der beiden 2er-Gruppe entstehen keine dreistelligen Zahlen.

Schritt 3:

901,2

durch 10 teilen, also das Komma um eine Stelle nach links verschieben

Folgen mehrere Ziffern die größer oder gleich 5 sind, dann musst du größere Gruppen bilden, z.B. 455/099 oder 256/159. Wie in diesen beiden Beispielen beginnen viele Gruppen mit einer Ziffer, die kleiner ist als 5, und enden mit einer Ziffer, die größer oder gleich 5 ist.

Ist alles nicht schwer. Probiere aus.

a) 180516 : 5 = ____________

b) 615847 : 5 = ____________

c) 452125 : 5 = ____________

d) 261749 : 5 = ____________

e) 256345 : 5 = ____________

Lösungen:

a) 18/05/16 verdoppeln = 36/10/32; durch 10 = 36103,2
b) 6/158/47 verdoppeln = 12/316/94; durch 10 = 123169,4
c) 45/2/1/25 verdoppeln = 90/4/2/50; durch 10 = 90425
d) 26/17/49 verdoppeln = 52/34/98; durch 10 = 52349,8
e) 256/3/45 verdoppeln = 512/6/90; durch 10 = 51269

Was passiert, wenn beim Verdoppeln einer Gruppe eine Stelle hinzukommt?

$$875/21/457/3$$

Die Gruppe 875 wird bei der Verdopplung vierstellig. Das macht gar nichts, wenn sie am Anfang steht.

$$457/21/875/3$$

Wenn die Gruppe (875) innerhalb einer Zahl auftaucht, dann kann und muss anders gruppiert werden. Nämlich so:

$$457/2/1875/3$$

Die vierstellige Gruppe 1875 bleibt beim Verdoppeln vierstellig (3750).

Teilen durch 50 (Zahlen ohne Komma)

Um eine ganz Zahl durch 50 zu teilen, verdopple sie und teile anschließend durch 100, indem du das Komma um zwei Stellen nach links verschiebst.

$$16 : 50 =$$

Schritt 1:

$$16 \times 2 = 32$$

verdoppeln

Schritt 2:

$$32{,}0 : 100 = 0{,}32$$

durch 100 teilen
Komma um zwei Stellen nach links verschieben

Deine Aufgaben:

a) 270425 : 50 = __________

b) 526917 : 50 = __________

c) 922249 : 50 = __________

d) 467749 : 50 = __________

Lösungen:

a) 27/0/4/25 verdoppeln = 54/0/8/50; durch 100 = 5408,5

b) 5/269/17 verdoppeln = 10/538/34; durch 100 = 10538,34

c) 9/2/2/2/49 verdoppeln = 18/4/4/4/98; durch 100 = 18444,98

d) 4677/49 verdoppeln = 9354/98; durch 100 = 9354,98

Bei Zahlen mit einem Komma wird es auch nicht viel schwieriger: Hier verschiebt sich das Komma ebenfalls um zwei Stellen nach links.

Deine Aufgaben:

a) 17032,5 : 50 = __________

b) 3268,27 : 50 = __________

c) 72124,1 : 50 = __________

d) 4561,48 : 50 = __________

Lösungen:

a) 17/0/3/2,5 verdoppeln = 34/0/6/5,0; durch 100 = 340,65

b) 3/268/,27 verdoppeln = 6/536/,54; durch 100 = 65,3654

c) 7/2/1/2/4/,1 verdoppeln = 14/4/2/4/8/,2; durch 100 = 1442,482

d) 456/1/,48 verdoppeln = 912/2/,96; durch 100 = 91,2296

Teilen durch 500 (Zahlen ohne Komma)

Um eine ganz Zahl durch 500 zu teilen, verdopple sie und teile anschließend durch 1000, indem du das Komma um drei Stellen nach links verschiebst.

$$16 : 500 =$$

Schritt 1:

$$16 \times 2 = 32$$

verdoppeln

Schritt 2:

$$32{,}0 : 1000 = 0{,}032$$

durch 1000 teilen
Komma um drei Stellen nach links verschieben

In gleicher Weise kannst du auch durch 5000 oder 50000 teilen. Ist der Teiler vierstellig, dann wandert das Komma vier Stellen nach links (16 : 5000 = 0,0032), ist er fünfstellig, dann sind es fünf Stellen (16 : 50000 = 0,00032).

Deine Aufgaben:

a) 22 : 500 = ___ b) 46 : 500 = ___

c) 123 : 500 = ___ d) 212 : 500 = ___

e) 245 : 500 = ___ f) 516 : 500 = ___

g) 54 : 5000 = ___

h) 241 : 50000 = ___

Lösungen:

a) 0,044 b) 0,092 c) 0,246 d) 0,424

e) 0,49 f) 1,032 g) 0,0108 h) 0,00482

Teilen durch 5 (Zahlen mit Komma)

Wenn du eine Zahl mit Komma durch 5 teilen möchtest, dann verdopple sie und teile sie anschließend durch 10, indem du das Komma um eine Stelle nach links verschiebst.

$$11{,}2 : 5 =$$

Schritt 1:

$$11{,}2 \times 2 = 22{,}4$$

verdoppeln

Schritt 2:

$$22{,}4 : 10 = 2{,}24$$

durch 10 teilen

Deine Aufgaben:

a) 11,4 : 5 = ____ b) 22,1 : 5 = ____

c) 31,2 : 5 = ____ d) 21,2 : 5 = ____

e) 30,4 : 5 = ____ f) 41,6 : 5 = ____

g) 33,9 : 5 = ____ h) 71,1 : 5 = ____

i) 58,9 : 5 = ____ j) 66,9 : 5 = ____

Lösungen:

a) 2,28 b) 4,42 c) 6,24 d) 4,24 e) 6,08

f) 8,32 g) 6,78 h) 14,22 i) 11,78 j) 13,38

Steht nach dem Teilen durch 10 keine Zahl mehr links vor dem Komma, dann schreibe einfach eine 0 hin.

$$1{,}2 : 5 =$$

Schritt 1:

$$1{,}2 \times 2 = 2{,}4$$

verdoppeln

Schritt 2:

$$2{,}4 : 10 = 0{,}24$$

durch 10 teilen

Löse selbst:

a) 1,5 : 5 = ______ b) 2,2 : 5 = ______

c) 3,1 : 5 = ______ d) 4,1 : 5 = ______

e) 4,41 : 5 = ______ f) 0,1 : 5 = ______

g) 0,07 : 5 = ______ h) 0,012 : 5 = ____

Lösungen:

a) 0,3 b) 0,44 c) 0,62 d) 0,82

e) 0,882 f) 0,02 g) 0,014 h) 0,0024

Merke: Beim Multiplizieren einer glatten Zahl mit 10 eine Null anhängen; beim Multiplizieren mit 100 zwei Nullen; beim Multiplizieren mit 1000 drei Nullen usw. Enthält die Zahl ein Komma, dann das Komma entsprechend nach rechts verschieben.
Beim Dividieren durch 10 verschiebt sich das Komma um eine Stelle nach links; beim Dividieren durch 100 um zwei Stellen nach links; beim Dividieren durch 1000 um drei Stellen nach links usw.

Teilen durch 0,5 (Zahlen ohne Komma)

Möchtest du durch 0,5 teilen, dann heißt die Regel ganz einfach: „Zahl verdoppeln“. Um die Verschiebung des Kommas musst du dir keine Gedanken mehr machen.

$$12 : 0{,}5 =$$

Schritt 1:

$$12 \times 2 = 24$$

verdoppeln

Jetzt bist du dran:

a) 24 : 0,5 = ____ b) 31 : 0,5 = ____

c) 52 : 0,5 = ____ d) 36 : 0,5 = ____

e) 47 : 0,5 = ____ f) 1 : 0,5 = ____

g) 226 : 0,5 = ____ h) 609 : 0,5 = ____

i) 881 : 0,5 = ____ j) 64 : 0,5 = ____

Lösungen:

a) 48 b) 62 c) 104 d) 72 e) 94

f) 2 g) 452 h) 1218 i) 1762 j) 128

Teilen durch 0,5 (Zahlen mit Komma)

Wenn du eine Zahl mit Komma durch 0,5 teilst, dann heißt die Regel auch hier ganz banal: „Zahl verdoppeln“. Vielleicht kennst du vom Bruchrechnen die Regel: Durch einen Bruch teilt man, indem man mit dem Kehrwert multipliziert. Durch 0,5 ($= \frac{1}{2}$) zu teilen, ist also nichts anderes, als mit 2 ($= \frac{2}{1}$) zu multiplizieren.

$$1{,}2 : 0{,}5 = 1{,}2 : \frac{1}{2} =$$

Schritt 1:

$$1{,}2 \times \frac{2}{1} = 1{,}2 \times 2 = 2{,}4$$

verdoppeln

Jetzt bist du dran:

a) 1,4 : 0,5 = ___ b) 2,1 : 0,5 = ___

c) 5,2 : 0,5 = ___ d) 4,6 : 0,5 = ___

e) 4,9 : 0,5 = ___ f) 6,5 : 0,5 = ___

g) 23,4 : 0,5 = ___ h) 6,12 : 0,5 = ___

i) 88,1 : 0,5 = ___ j) 95,11 : 0,5 = ___

Lösungen:

a) 2,8 b) 4,2 c) 10,4 d) 9,2 e) 9,8

f) 13 g) 46,8 h) 12,24 i) 176,2 j) 190,22

Multiplizieren mit 0,5 (Zahlen mit und ohne Komma)

Der umgestülpte Trick heißt beim Multiplizieren mit der 0,5 nicht verdoppeln, sondern halbieren. „Mal 0,5“ ist das Gleiche wie „geteilt durch 2“. Also: Ganz einfach nur halbieren.

$$12 \times 0{,}5 = 12 \times \frac{1}{2} =$$

Schritt 1:

$$12 : \frac{2}{1} = 12 : 2 = 6$$

halbieren

Jetzt noch ein paar Aufgaben für dich (mit und ohne Komma):

a) 42 x 0,5 = _____ b) 36 x 0,5 = ____

c) 54 x 0,5 = _____ d) 67 x 0,5 = ____

e) 6,4 x 0,5 = ____ f) 1,6 x 0,5 = ____

g) 4,9 x 0,5 = ____ h) 8,5 x 0,5 = ____

i) 98,1 x 0,5 = ____ j) 0,512x 0,5 = ____

Lösungen:

a) 21 b) 18 c) 26 d) 33,5 e) 3,2

f) 0,8 g) 2,45 h) 4,25 i) 49,05 j) 0,256

Teilen durch 9 (wenn die Quersumme kleiner als 9 ist)

Um eine Zahl durch 9 zu teilen, verwendest du am besten die „Plus-Lupe“. Diese heißt deshalb so, weil alles, was innerhalb der Lupe sichtbar ist, addiert wird. Die Plus-Lupe wandert jetzt von links nach rechts über die Zahl, die du durch 9 teilen möchtest, bis alle Ziffern erfasst sind.

16 : 9 =

Das Erste, was du innerhalb deiner Lupe siehst, ist eine 1. Diese 1 ist bereits ein Teil deines Ergebnisses. Also lies die 1 einfach nur ab.

Schritt 1:

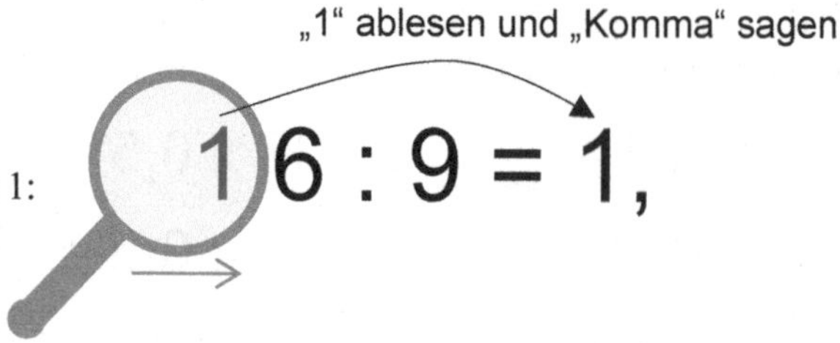

Dann sagst du „Komma“. Wenn du durch 9 teilst, ist das ungefähr so viel, wie wenn du durch 10 teilst. Und beim Teilen durch 10 verschiebt sich das Komma um eine Stelle nach links. Bis hier hin hast du noch gar nicht gerechnet und trotzdem schon einen Teil des Ergebnisses aufgesagt, nämlich „1 Komma“.

Im zweiten Schritt ist die „Plus-Lupe“ bereits weitergegangen und umfasst zusätzlich die 6. Du addierst jetzt die 1 und die 6 und sagst 7. Das nennt man in der Mathematik auch „Quersumme bilden“.

Schritt 2:

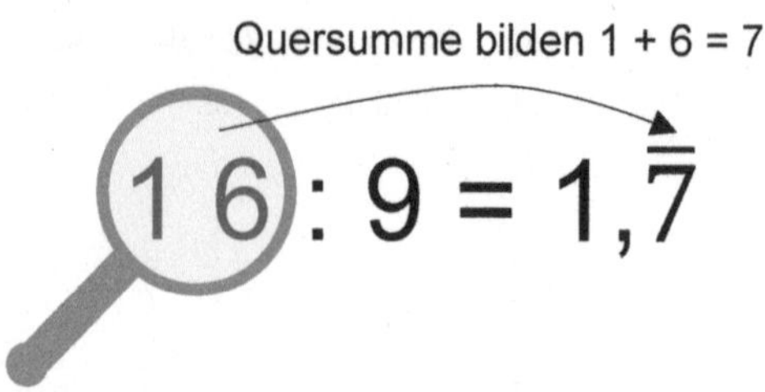

Tipp: Wenn du eine ganze Zahl durch 9 teilst, dann kommt immer etwas Unendliches hinter dem Komma raus. Also in unserem Beispiel 1,7777777…, geschrieben $1,\overline{7}$. Daher sagst du zum Schluss immer „unendlich“ oder „periodisch“ und schreibst auf die Zahl nach dem Komma einen Strich. Fertig!

Jetzt bist du dran:

a) 15 : 9 = ______ b) 22 : 9 = ______

c) 31 : 9 = ______ d) 32 : 9 = ______

e) 30 : 9 = ______ f) 41 : 9 = ______

g) 44 : 9 = ______ h) 71 : 9 = ______

i) 50 : 9 = ______ j) 70 : 9 = ______

k) 62 : 9 = ______ l) 51 : 9 = ______

m) 11 : 9 = ______

Wenn du eine einstellige Zahl durch 9 teilen möchtest, dann stelle dir vor, links vor der Zahl steht eine 0. Also statt 8 die 08. Gehe dann genauso vor.

n) 8 : 9 = ______ o) 4 : 9 = ______

p) 7 : 9 = ______

Lösungen:

a) $1,\overline{6}$ b) $2,\overline{4}$ c) $3,\overline{4}$ d) $3,\overline{5}$

e) $3,\overline{3}$ f) $4,\overline{5}$ g) $4,\overline{8}$ h) $7,\overline{8}$

i) $5,\overline{5}$ j) $7,\overline{7}$ k) $6,\overline{8}$ l) $5,\overline{6}$

m) $1,\overline{2}$ n) $0,\overline{8}$ o) $0,\overline{4}$ p) $0,\overline{7}$

Teilen durch 9 (wenn die Quersumme 9 ist)

Wir wissen: 18 : 9 = 2. Nach der neuen Kopfrechenregel bekommst du als Ergebnis aber 1,99999… Da die 9 hinter dem Komma nie aufhört – also unendlich ist –, muss man 1,9999… nicht aufrunden. 1,99999… ist tatsächlich exakt 2.
Beweis:

$$\frac{1}{3} = 0{,}33333\ldots = 0{,}\overline{3}$$

$$+\frac{1}{3} = 0{,}33333\ldots = 0{,}\overline{3}$$

$$+\frac{1}{3} = 0{,}33333\ldots = 0{,}\overline{3}$$

$$= \frac{3}{3} = \mathbf{1} = \mathbf{0{,}99999\ldots} = 0{,}\overline{9}$$

Also ist 1 das Gleiche wie 0,999999… und umgekehrt 0,99999… das Gleiche wie 1. Demzufolge ist 1,99999… das Gleiche wie 2.
Somit kann man den Rechentrick mit der Plus-Lupe auch dann anwenden, wenn die Quersumme 9 beträgt (18, 27, 36, 45, 54 usw.).

a) 18 : 9 = ______ b) 72 : 9 = ______

c) 63 : 9 = ______ d) 54 : 9 = ______

e) 27 : 9 = ______ f) 45 : 9 = ______

Lösungen:

a) $1{,}\underline{9} = 2$ b) $7{,}\underline{9} = 8$ c) $6{,}\underline{9} = 7$

d) $5{,}\underline{9} = 6$ e) $2{,}\underline{9} = 3$ f) $4{,}\underline{9} = 5$

Teilen durch 9 (wenn die Quersumme größer als 9 ist)

$$57 : 9 =$$

Hier ist die Quersumme größer als 9, nämlich 5 + 7 = 12. In diesem Fall liest du nicht die 5 ab, sondern addierst noch eine 1 dazu und sagst „6". Diese 6 ist der erste Teil deines Ergebnisses.

$$\overset{1 \atop +}{5}7 : 9 = 6,$$

Die Ziffer nach dem Komma bekommst du, indem du die Quersumme bildest und von ihr die 9 abziehst: 5 + 7 – 9 = 3. Die 3 ist dann unendlich (periodisch), weil du durch 9 teilst.

$$57 : 9 = 6,\overline{3}$$

$$5 + 7 - 9 = 3$$

Also bekommst du folgendes Ergebnis: „Sechs, Komma und dahinter eine unendliche Drei"

Jetzt bist du dran:

a) $65 : 9 =$ ______ b) $76 : 9 =$ ______

c) $77 : 9 =$ ______ d) $83 : 9 =$ ______

e) $86 : 9 =$ ______ f) $46 : 9 =$ ______

g) $64 : 9 =$ ______ h) $67 : 9 =$ ______

Lösungen:

a) $7,\underline{2}$ b) $8,\underline{4}$ c) $8,\underline{5}$ d) $9,\underline{2}$

e) $9,\underline{5}$ f) $5,\underline{1}$ g) $7,\underline{1}$ h) $7,\underline{4}$

Teilen durch 9
(große Zahlen mit einer Quersumme kleiner als 9)

Auch bei größeren Zahlen kannst du die Plus-Lupe benutzen. Auch hier läuft die Lupe von links nach rechts über die Zahl und umfasst bei jedem Schritt eine weitere Ziffer mehr. Die Ziffern werden somit aufaddiert. Vor die letzte Stelle setzt du ein Komma. Die Ziffer nach dem Komma ist immer unendlich.

$$123 : 9 =$$

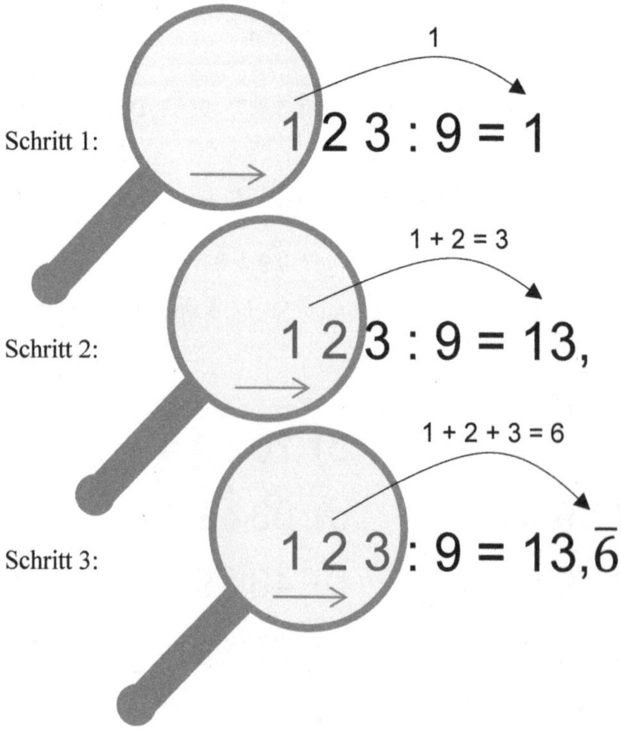

Jetzt bist wieder du dran:

a) 122 : 9 = ______ b) 105 : 9 = ______

c) 110 : 9 = ______ d) 124 : 9 = ______

e) 142 : 9 = ______ f) 144 : 9 = ______

g) 134 : 9 = ______ h) 411 : 9 = ______

Es funktioniert auch mit Zahlen, die mehr als drei Stellen haben.

i) 4211 : 9 = ________________

j) 1430 : 9 = ________________

k) 60110 : 9 = ________________

l) 3022 : 9 = ________________

m) 50102 : 9 = ________________

n) 1001 : 9 = ________________

o) 43011 : 9 = ________________

p) 8000 : 9 = ________________

Lösungen:

a) $13,\overline{5}$ b) $11,\overline{6}$ c) $12,\overline{2}$ d) 13, 7

e) $15,\overline{7}$ f) $15,\overline{9} = 16$ g) $14,\overline{8}$ h) 45, 6

i) 467, 8 j) $158,\overline{8}$ k) $6678,\overline{8}$ l) $335,\overline{7}$

m) $5566,\overline{8}$ n) 111, 2 o) $4778,\overline{9} = 4779$ p) $888,\overline{8}$

Teilen durch 9
(große Zahlen mit einer Quersumme größer als 9)

$$1234 : 9 =$$

Hier ist die Quersumme größer als 9, nämlich 1 + 2 + 3 + 4 = 10.

Schritt 1: $1\,2\,3\,4 : 9 = 1$

Schritt 2: $1\,2\,3\,4 : 9 = 13$

Schritt 3: $1\,2\,3\,4 : 9 = 137$

Hier sagst du nicht „6“, sondern addierst die 1 dazu und sagst „7“, weil an dieser Stelle die Quersumme wieder größer als 9 (6 + 4 = 10) ist.

Schritt 4 $1\,2\,3\,4 : 9 = 13\cancel{6}7,\overline{1}$

Zum Schluss addierst du einfach weiter auf und ziehst von der Quersumme wieder 9 ab: 1 + 2 + 3 + 4 – 9 = 1.

Jetzt bist du dran:

a) 1481 : 9 =____ b) 1516 : 9 =____

c) 1771 : 9 =____ d) 2450 : 9 =____

e) 3412 : 9 = ____ f) 4444 : 9 =____

g) 5234 : 9 = ____ h) 1707 : 9 =____

Lösungen:

a) $164,\overline{5}$ b) $168,\overline{4}$ c) $196,\overline{7}$ d) $272,\overline{2}$

e) $379,\overline{1}$ f) $493,\overline{7}$ g) $581,\overline{5}$ h) $189,\overline{6}$

Ist die Quersumme durch 9 teilbar, so ist das Ergebnis eine glatte Zahl. Beispiele: 108 : 9 = 12 oder 1341 : 9 = 149

Den Trick kann man auch andersherum, um mit 9 multiplizieren zu können. Beispiel: $1,\overline{6}$ x 9 = 15.

Multiplizieren mit 9
(wenn die Quersumme kleiner als 9 oder gleich 9 ist)

Schritt 1 (1 + 6 = 7):

$$1,\overline{6} \text{ x } 9 = 1$$

Die 1 von $1,\overline{6}$ ablesen. Dann hast du schon einen Teil des Ergebnisses ohne dich anstrengen zu müssen.

Schritt 2:

$$1,\overline{6} \text{ x } 9 = 15$$

Von der unendlichen Zahl, die nach dem Komma kommt, ziehst du nun das ab, was vor dem Komma steht (6 – 1 = 5) und erhältst den zweiten Teil der Lösung.

Multiplizieren mit 9 (wenn die Quersumme größer als 9 ist)

Schritt 1 (9 + 7 = 16):

$$9,\overline{7} \times 9 = 8$$

Von der 9 die 1 abziehen. Dann hast du mühelos den ersten Teil des Ergebnisses.

Schritt 2:

$-1 + ? = 7$ $\quad$ $8 - 9 = -1$

$$9,\overline{7} \times 9 = 88$$

Von der 8 nun die 9 abziehen (8 – 9 = –1). Dann kommst du auf eine Minuszahl –1. Jetzt fragst du dich, wieviel noch auf 7 fehlen (–1 + ? = 7) und bekommst dann die 8. Falls du ein zweistelliges Ergebnis bekommst, addiere zum Zehner noch Eins dazu.

Schritt 1 (8 + 9 = 17):

$$8,\overline{9} \times 9 = 7$$

Von der 8 die 1 abziehen. Dann hast du mühelos den ersten Teil des Ergebnisses.

Schritt 2:

$-2 + ? = 9$ $\quad$ $7 - 9 = -2$

$$8,\overline{9} \times 9 = (7+1)1 = 81$$

Von der 7 nun die 9 abziehen (7 – 9 = –2). Dann kommst du auf eine Minuszahl (–2). Jetzt fragst du dich, wieviel noch auf 9 fehlen (–2 + ? = 9) und bekommst dann die 11. Da die 11 zweistellig ist, musst du zum Zehner noch 1 dazu addieren.

Merke: Dieser Trick funktioniert nur, wenn sich nach dem Komma etwas Unendliches befindet.

Jetzt bist du dran:

a) $2,\overline{8} \times 9 =$ ____ b) $3,5 \times 9 =$ ____

c) $7,\overline{7} \times 9 =$ ____ d) $9,\overline{8} \times 9 =$ ____

Lösungen:

a) 26 b) 32 c) 70 d) 89

Und noch ein paar gemischte Aufgaben:

a) $222 : 5 =$ ____ b) $105 : 9 =$ ____

c) $1,13 : 5 =$ ____ d) $12,4 : 9 =$ ____

e) $1142 : 5 =$ ____ f) $144 : 9 =$ ____

Lösungen:

a) 44,4 b) $11,\overline{6}$ c) 0,226

d) $1,3\overline{7}$ e) 228,4 f) $15,\overline{9} = 16$

Teilen und Multiplizieren mit einstelligen Zahlen

Multiplizieren mit 3

Wenn du eine Zahl mit 3 multiplizieren möchtest, teile sie zunächst in Gruppen auf:

$$123 \times 3 =$$

$$1/2/3 \times 3 =$$

Anschließend nimmst du jede Gruppe einzeln mit 3 mal:

$$3/6/9 = 369$$

Bei der Einteilung in Gruppen ist darauf zu achten, dass beim Multiplizieren jede einstellige Gruppe einstellig bleibt, jede zweistellige Gruppe zweistellig usw.

Falsche Gruppierung:

$$1225 \times 3 = 1/22/5 \times 3 =$$

Hier würde aus der 5 (einstellig) eine 15 werden (zweistellig).

Hier siehst du, welche Ziffern verdreifacht werden können, ohne dass sie zweistellig werden.

$0 \times 3 = 0$	$4 \times 3 = 12$
$1 \times 3 = 3$	$5 \times 3 = 15$
$2 \times 3 = 6$	$6 \times 3 = 18$
$3 \times 3 = 9$	$7 \times 3 = 21$
	$8 \times 3 = 24$
	$9 \times 3 = 27$

Richtige Gruppierung:

$$1225 \times 3 = 1/2/25 \times 3$$

Hier behält beim Multiplizieren jede Gruppe ihre Stelligkeit:

$$3/6/75$$

Alle zweistelligen Zahlen bis einschließlich 33 bleiben bei der Verdreifachung zweistellig (33 x 3 = 99). Ab der Zahl 34 wird die Verdreifachung dreistellig (34 x 3 = 102).

Merke: Bilde Gruppen, die ihre Stelligkeit behalten, wenn man sie mit 3 multipliziert. Das heißt, eine einstellige Gruppe muss einstellig bleiben, eine zweistellige Gruppe zweistellig usw. Ändert eine Gruppe ihre Stelligkeit, so musst du die Gruppe größer wählen. Wenn die Gruppe am Anfang einer Zahl die Stelligkeit verändert, spielt das keine Rolle. Außerdem kann eine Gruppe auch mit einer 0 beginnen (z.B.: 06).

Deine Aufgaben:

a) 121221 x 3 = ____________

b) 312712 x 3 = ____________

c) 342519 x 3 = ____________

d) 922351 x 3 = ____________

e) 412008 x 3 = ____________

f) 828291 x 3 = ____________

g) 881427 x 3 = ____________

Lösungen:

a) 1/2/1/2/2/1 x 3 = 3/6/3/6/6/3
b) 3/1/27/1/2 x 3 = 9/3/81/3/6
c) 34/25/19 x 3 = 102/75/57
d) 92/2351 x 3 = 276/7053
e) 41/2/0/08 x 3 =123/6/0/24
f) 828/291 x 3 = 2484/873
g) 88/14/27 x 3 = 264/42/81

Multiplizieren mit 4 oder 8

Auf den Seiten 8 bis 12 hast du gesehen, wie einfach das Verdoppeln einer Zahl ist: Du multiplizierst sie einfach mit 2. Eine Zahl zu vervierfachen, ist nichts anderes, als das Verdoppelte noch einmal zu verdoppeln. Und wenn du eine Zahl dreimal verdoppelst, dann hast du sie mit 8 multipliziert (2 x 2 x 2 = 8). Oft ist diese Herangehensweise einfacher als das klassische Multiplizieren.

Beispiel 1

$$76 \times 4 =$$

Schritt 1:

$$76 \times 2 = 140 + 12 = 152$$

Erstes Verdoppeln
Hier: verdoppelter Zehner + verdoppelter Einer

Schritt 2:

$$152 \times 2 = 15/2 \times 2 = 30/4$$

Zweites Verdoppeln
Hier: Gruppen bilden und verdoppeln

Alternative: Bei einigen Aufgaben ist es leichter, die Hunderter, Zehner und Einer der Reihe nach mit 4 zu multiplizieren (zweimal verdoppeln) und dann von links nach rechts zu addieren.

$$532 \times 4 =$$

Schritt 1:

$$500 \times 2 \times 2 = 2000$$

(Hunderter vervierfachen)

$$30 \times 2 \times 2 = 120$$

(Zehner vervierfachen)

$$2 \times 2 \times 2 = 8$$

(Einer vervierfachen)

Schritt 2:

$$2000 + 120 + 8 = 2128$$

(Zwischenergebnisse addieren)

Beispiel 2

Schritt 1:

$$1851 \times 4 =$$

$$1000 \times 2 \times 2 = 4000$$

(Tausender vervierfachen)

$$800 \times 2 \times 2 = 3200$$

(Hunderter vervierfachen)

$$50 \times 2 \times 2 = 200$$

(Zehner vervierfachen)

$$1 \times 2 \times 2 = 4$$

(Einer vervierfachen)

Schritt 2:

$$4000 + 3200 + 200 + 4 = 7404$$

(Zwischenergebnisse addieren)

Probiere die folgenden Aufgaben:

a) 23 x 4 = _____ b) 241 x 4 = _____

c) 621 x 4 = _____ d) 749 x 4 = _____

e) 755 x 4 = _____ f) 807 x 4 = _____

g) 998 x 4 = _____ h) 955 x 4 = _____

Lösungen:

a) 92 b) 964 c) 2484 d) 2996 e) 3020

f) 3228 g) (4 x 1000) – (2 x 4) = 3992 h) 3820

Ähnlich wie bei der Multiplikation mit 4 kann man auch bei der Multiplikation mit 8 vorgehen. Du verachtfachst jeweils Hunderter, Zehner, Einer, indem du dreimal verdoppelst (2 x 2 x 2).

a) 16 x 8 = _____ b) 512 x 8 = _____

Lösungen:

a) (10 x 2 x 2 x 2) + (8 x 2 x 2 x 2) = 80 + 64 = 144

b) (500 x 2 x 2 x 2) + (10 x 2 x 2 x 2) + (2 x 2 x 2 x 2) = 4000 + 80 + 16 = 4096

Bei den folgenden Aufgaben ist es vielleicht besser, wenn du die 8er-Reihe des Einmaleins anwendest.

b) 13 x 8 = _____ b) 202 x 8 = _____

c) 621 x 8 = _____ d) 749 x 8 = _____

Lösungen:

a) (10 x 8) + (3 x 8) = 80 + 24 = 104

b) (200 x 8) + (0 x 8) + (2 x 8) = 1600 + 0 + 16 = 1616

c) (600 x 8) + (20 x 8) + (1 x 8) = 4800 + 160 + 8 = 4968

d) (700 x 8) + (40 x 8) + (9 x 8) = 5992 oder (750 x 8) – 8 = 5992

Teilen durch 7

Wenn du eine ganze Zahl durch 7 teilst, die nicht glatt durch 7 teilbar ist, dann kommt hinter dem Komma ein scheinbarer Wirrwarr an Zahlen heraus. Aber keine Angst: Wenn wir uns die Zahlen nach dem Komma genauer anschauen, wirst du merken, dass ein System dahintersteckt.

$$\frac{1}{7} = 1 : 7 = 0,\overline{142857}$$

$$\frac{2}{7} = 2 : 7 = 0,\overline{285714}$$

$$\frac{3}{7} = 3 : 7 = 0,\overline{428571}$$

$$\frac{4}{7} = 4 : 7 = 0,\overline{571428}$$

$$\frac{5}{7} = 5 : 7 = 0,\overline{714285}$$

$$\frac{6}{7} = 6 : 7 = 0,\overline{857142}$$

$$\frac{7}{7} = 7 : 7 = 1$$

Vielleicht ist dir jetzt aufgefallen, dass nach dem Komma immer die gleichen sechs Ziffern stehen. Auch die Reihenfolge ist immer die gleiche: Rechts neben der 1 ist immer die 4, rechts neben der 4 ist immer die 2 usw. Der einzige Unterschied ist der „Start“ nach dem Komma. Einmal beginnt der 6er-Block mit der 1, dann mit der 2, dann mit der 4 weil es keine 3 gibt, dann mit der 5 usw.

Der 6er-Block beim Dividieren durch die 7 heißt also:

$$142857$$

Übung:
Schließe deine Augen und stelle dir die Zahlenreihe 142857 vor. Beginne mit der 1 und wiederhole den 6er-Block ein paarmal. Also: 142857 – 142857 – 142857 usw. Wenn dir das gelingt, dann versuche den 6er-Block mit der „2“ beginnend aufzusagen. Also: 285714 – 285714 – 285714 usw.
Wenn dir das mit allen sechs Ziffern gelingt, kannst du die Reste beim Teilen durch die 7 als Dezimalzahl spielend leicht aufsagen. Du musst nicht mehr rechnen.

$$8 : 7 = 1 \text{ Rest } 1$$

oder

$$8 : 7 = 1 \frac{1}{7}$$

oder

$$8 : 7 = 1,\overline{142857}$$

Bei Rest 1 beginne mit der 1: **142857**
Bei Rest 2 beginne mit der 2: **285714**
Bei Rest 3 beginne mit der 4 (weil wir keine 3 haben): **428571**
Bei Rest 4 beginne mit der 5: **571428**
Bei Rest 5 beginne mit der 7 (weil wir keine 6 haben): **714285**
Bei Rest 6 beginne mit der 8: **857142**

Sofern du die 7er-Reihe des Einmaleins beherrschst, kannst du jetzt locker folgende Aufgabe lösen:

$$55 : 7 = 7 \text{ Rest } 6$$

oder

$$55 : 7 = 7,\overline{857142}$$

Und jetzt bist du wieder dran:

a) 15 : 7 = _______ b) 72 : 7 = _______

c) 31 : 7 = _______ d) 39 : 7 = _______

e) 61 : 7 = _______ f) 99 : 7 = _______

Lösungen:

a) $2,1\overline{42857}$ b) $10,\overline{285714}$ c) $4,\overline{428571}$

d) $5,\overline{571428}$ e) $8,\overline{714285}$ f) $14,\overline{142857}$

Demzufolge sind

$$10 : 7 = 1,\overline{428571}$$

und

$$100 : 7 = 14,\overline{285714}$$

Hier verschiebt sich also lediglich das Komma; der 6er-Block bleibt wie gehabt.

Somit gilt:

$$\frac{1}{7} \text{ von } 100 = 14,\overline{285714}$$

Du siehst, dass man durchaus mehr mit dem Trick anfangen kann, als du vielleicht gedacht hast.

Auf den nächsten Seiten lernst du, wie man dreistellige Zahlen durch 7 dividieren kann.

$$121 : 7 =$$

In diesem Fall rechnen wir im Kopf ein bisschen so, als würden wir schriftlich rechnen, mit dem Unterschied, dass wir es jetzt nicht aufschreiben, sonst wäre es ja kein Kopfrechnen. Du überlegst zuerst, wie oft die 7 in die 12 passt und sagst: „1".

$$\overset{\frown}{12}1 : 7 = 1$$

Im nächsten Schritt berechnest du die Differenz zwischen 12 und 7 (= 5), nimmst den Einer runter (= 1) und erhältst so die 51. Jetzt fragst du dich, wie oft die 7 in die 51 passt. Die Antwort ist „7" (7 x 7 = 49).

$$\underset{51}{121} : 7 = 17$$

Im letzten Schritt berechnest du den Rest als Differenz zwischen 51 und 49, also „Rest 2". Das bedeutet, dass der 6er-Block mit 2 beginnt. Das heißt, nach dem Komma steht 285714 periodisch.

$$17 \text{ Rest } 2 = 17,\overline{285714}$$

Jetzt bist du dran:

a) 225 : 7 = ______ b) 373 : 7 = ______

c) 531 : 7 = ______ d) 239 : 7 = ______

e) 601 : 7 = ______ f) 718 : 7 = ______

Lösungen:

a) $32,\overline{142857}$ b) $53,\overline{285714}$ c) $75,\overline{857142}$

d) $34,\overline{142857}$ e) $85,\overline{857142}$ f) $102,\overline{571428}$

Wem diese Rechenweise noch zu kompliziert erscheint, sollte jetzt weiterlesen.

Dreistellige Zahlen durch 2, 3, 4, 5, 6, 7, 8, 9 teilen (Trick mit der Null)

Eine Möglichkeit, eine dreistellige Zahl durch 7 zu teilen, hast du gerade kennengelernt. Etwas einfacher ist für das Kopfrechnen der „Trick mit der Null“. Dieses Kopfrechensystem funktioniert auch mit anderen einstelligen Divisoren.

Beispiel 1

$$375 : 6 =$$

Du hängst an den Divisor (6) eine Null (also 60). Dann fragst du, wie oft die 60 in deine 375 passt. Die Antwort lautet „6“, denn 6 x 60 = 360. Die 6 ist bereits ein Teil des Ergebnisses, welches du sagen oder hinschreiben kannst. Jetzt ermittelst du den Rest. Der Rest ist genau 15 (375 – 360 = 15).

$$375 : 6 = 6 \text{ Rest } 15$$

Im nächsten Schritt fragst du dich, wie oft die 6 in die 15 passt? Genau, sie passt zweimal rein (2 x 6 = 12). Die 2 ist die nächste Ziffer im Ergebnis. Nun hast du noch einen Rest von 3 (15 – 12 = 3).

$$375 : 6 = 62 \text{ Rest } 3$$

Du weißt, dass du diesen Rest auch noch durch 6 teilen musst. Also 3 : 6. Das ist das gleiche wie ½ bzw. 0,5.

Voilà! Schon ist das Ergebnis komplett.

$$375 : 6 = 62{,}5$$

Beispiel 2

$$287 : 9 =$$

Auch hier hängst du an den Divisor (9) eine Null (also 90) und fragst, wie oft die 90 in die 287 passt. Die Antwort lautet: drei Mal (3 x 90 = 270). Die 3 ist Teil des Ergebnisses. Jetzt ermittelst du den Rest: 287 – 270 = 17.

$$287 : 9 = 7 \text{ Rest } 17$$

Im nächsten Schritt fragst du dich, wie oft die 9 in die 17 passt. Die Antwort „1“ (1 x 9 = 9) ist die nächste Zahl im Ergebnis. Nun hast du noch einen Rest von 8 (17 – 9 = 8).

$$287 : 9 = 71 \text{ Rest } 8$$

Den Rest musst du ebenfalls durch 9 teilen: 8 : 9 = 0,8 periodisch (siehe auch Seite 34)

$$287 : 9 = 71{,}\overline{8}$$

Du hast aber auch die Möglichkeit, diese Aufgabe mithilfe der Plus-Lupe zu lösen (siehe Seite 40).

Tipp:
Sind die Ziffern groß (z.B. 786 : 9), so eignet sich der Trick mit der Null besser. Sind die Ziffern klein (z.B. 12310 : 9), dann nimm am besten den Trick mit der Lupe (ab Seite 38). Kleine Ziffern sind 1, 2, 3, 4 und große Ziffern sind 5, 6, 7, 8 und 9.

$$786 : 9 = 87{,}\overline{3}$$

große Ziffern

$$12310 : 9 = 1367{,}\overline{7}$$

kleine Ziffern

Jetzt du!
Bevor du rechnest, entscheide, welchen Trick du anwendest.

a) 101 : 9 = ______ b) 242 : 9 = ______

c) 771 : 9 = ______ d) 695 : 9 = ______

e) 204 : 9 = ______ f) 477 : 9 = ______

g) 301 : 9 = ______ h) 968 : 9 = ______

Lösungen:

a) Lupentrick: $11,\overline{2}$ b) Lupentrick: $26,\overline{8}$ c) Trick mit der Null: $85,\overline{6}$
d) Trick mit der Null: $77,\overline{2}$ e) Lupentrick: $22,\overline{6}$ f) Trick mit der Null: 53
g) Lupentrick: $33,\overline{4}$ h) Trick mit der Null: $107,\overline{5}$

Vermischte Aufgaben:

Wende den Trick mit der Null an. Er ist zwar nicht die schnellste Methode, aber mit ein bisschen Übung wirst du merken, dass es immer besser klappt.

Deine Aufgaben:

a) 222 : 7 = ______ b) 338 : 5 = ______

c) 357 : 6 = ______ d) 832 : 9 = ______

e) 861 : 7 = ______ f) 260 : 8 = ______

g) 355 : 5 = ______ h) 599 : 3 = ______

i) 825 : 7 = ______ j) 398 : 7 = ______

k) 317 : 6 = _____ l) 382 : 4 = _____

m) 821 : 4 = _____ n) 229 : 8 = _____

o) 951 : 5 = _____ p) 991 : 3 = _____

q) 827 : 7 = _____ r) 838 : 4 = _____

s) 917 : 6 = _____ t) 630 : 9 = _____

u) 111 : 7 = _____ v) 449 : 8 = _____

w) 753 : 5 = _____ x) 797 : 3 = _____

y) 758 : 4 = _____ z) 509 : 9 = _____

Lösungen:

a) $31,\underline{714285}$ b) 67,6 c) 59,5 d) $92,\underline{4}$ e) 123

f) 32,5 g) 71 h) $199,\underline{6}$ i) $117,\underline{857142}$ j) $56,\underline{857142}$

k) $52,8\underline{3}$ l) 95,5 m) 205,25 n) 28,625 o) 190,2 p) $330,\underline{3}$

q) $118,\underline{142857}$ r) 209,5 s) $152,8\underline{3}$ t) 70 u) $15,\underline{857142}$

v) 56,125 w) 150,6 x) $265,\underline{6}$ y) 189,5 z) $56,\underline{5}$

Wer richtig schnell im Kopfrechnen sein möchte, sollte solche Aufgaben regelmäßig üben. Zehn Minuten täglich bringt mehr Erfolg als einmal im Monat sechs Stunden. Die Zeit für beispielsweise 25 Mischaufgaben solltest du stoppen und aufschreiben. Dann kannst du auch deine Verbesserungen mithilfe einer Leistungskurve sichtbar machen. Das steigert deine Motivation, diszipliniert weiter zu trainieren. Du brauchst auch keine Angst vor Tagesschwankungen zu haben. Die sind völlig normal. An manchen Tagen ist man nicht so fit wie an anderen. Am besten, du siehst die ganze Rechnerei sportlich, denn Sport ist für die meisten attraktiver als Mathe.

Teilen und Multiplizieren mit mehrstelligen Zahlen

Zweistellige Zahlen mit 11 multiplizieren

Einer der Klassiker beim Kopfrechnen ist die Multiplikation mit 11. Das macht richtig Spaß und man kann ohne große Übung damit Eindruck schinden. Wenn man eine einstellige Zahl mit 11 multipliziert, ist es noch für jeden einfach, auch wenn er keine Rechentricks benutzt: 5 x 11 = 55 oder 7 x 11 = 77. Aber wie funktioniert die Multiplikation bei zwei- und dreistelligen Zahlen?

Beispiel (zweistellig, ohne Übertrag)

$$24 \times 11 =$$

Um diese Aufgabe im Kopf lösen zu können, brauchst du die Plus-Lupe. Die hast du ja bereits kennengelernt, als du durch 9 geteilt hast. Beim Multiplizieren mit der 11 kommt sie jetzt wieder zum Einsatz. Alles, was du innerhalb der Lupe siehst, wird addiert. Die Lupe wandert von links nach rechts über die Zahl, die man mit 11 multiplizieren möchte. Somit kannst du auch gleich das Ergebnis aufsagen.

Schritt 1:

$$24 \times 11 = 2$$

Die Lupe kommt von links und erfasst die erste Ziffer.

Schritt 2:

$$24 \times 11 = 26$$

Die Lupe wandert weiter und erfasst die ersten beiden Ziffern.
Also: 2 + 4 = 6

Schritt 3:

$$24 \times 11 = 264$$

Am Ende sieht man in der Lupe nur noch die letzte Ziffer.

Probiere folgende Aufgaben:

a) 23 x 11 = ____ b) 25 x 11 = ____

c) 26 x 11 = ____ d) 81 x 11 = ____

Lösungen:

a) 253 b) 275 c) 286 d) 891

Beispiel (zweistellig, mit Übertrag)

7 4 x 11 =

Schritt 1:

7 4 x 11 = 8

Wenn die Quersumme der Zahl größer als 9 ist (hier: 7 + 4 = 11), dann gibt es einen Übertrag. Den Zehner der Quersumme addierst du noch zur 7 und erhältst die 8.

Schritt 2:

7 4 x 11 = 81

Der Einer der Quersumme (11) ist der Zehner des Ergebnisses.

Schritt 3:

7 4 x 11 = 814

Zum Schluss noch die letzte Ziffer ablesen, also 4.

Probiere folgende Aufgaben:

a) 56 x 11 = ____ b) 75 x 11 = ____

c) 69 x 11 = ____ d) 88 x 11 = ____

Lösungen:

a) 616 b) 825 c) 759 d) 968

Drei- und mehrstellige Zahlen mit 11 multiplizieren

Beispiel (dreistellig, ohne Übertrag):

123 x 11 =

Schritt 1:

1 2 3 x 11 = 1

Erste Ziffer in der Lupe: 1

Schritt 2:

1 2 3 x 11 = 13

Die ersten beiden Ziffern in der Lupe: 1 + 2 = 3

Schritt 3:

1 2 3 x 11 = 135

Die letzten beiden Ziffern in der Lupe: 2 + 3 = 5

Schritt 4:

1 2 3 x 11 = 1353

Da kommt jetzt nichts mehr außer die 3.

Probiere folgende Aufgaben:

a) 134 x 11 = _____ b) 242 x 11 = _____

c) 404 x 11 = _____ d) 512 x 11 = _____

Lösungen:

a) 1474 b) 2662 c) 4444 d) 5632

Beispiel (mehrstellig, mit einem Übertrag)

$$24815 \times 11 =$$

Schritt 1:

$$2\ 4\ 8\ 1\ 5 \quad \times 11 = 2$$

Anfangen wie immer: 2

Schritt 2:

$$6 + 1 = 7$$

$$2\ 4\ 8\ 1\ 5 \quad \times 11 = 27$$

Hier musst du aufpassen:
Die nächsten zwei Ziffern (4 + 8) ergeben 12.
Daher musst du zur 6 noch die 1 addieren.

Schritt 3:

$$2\ 4\ 8\ 1\ 5 \quad \times 11 = 272$$

Von der 12 brauchst du nur noch die 2;
die 1 haben wir ja im vorherigen Schritt verbraucht.

Schritt 4:

$$2\ 4\ 8\ 1\ 5 \quad \times 11 = 2729$$

Ziffern addieren: 8 + 1 = 9

Schritt 5:

$$2\ 4\ 8\ 1\ 5 \quad \times 11 = 27296$$

Ziffern addieren: 1 + 5 = 6

Schritt 6:

$$2\ 4\ 8\ 1\ 5 \quad \times 11 = 272965$$

Die letzte Ziffer ablesen.

Probiere folgende Aufgaben:

a) 2244 x 11 = ______

b) 31652 x 11 = ______

c) 551344 x 11 = ______

d) 572221 x 11 = ______

e) 2480615 x 11 = ______

f) 99104222 x 11 = ______

Lösungen:

a) 24684 b) 348172 c) 6064784

d) 6294431 e) 27286765

f) 1090146442 (hier gibt es gleich zwei Überträge am Anfang)

Natürlich kannst du auch selbst ein bisschen herumexperimentieren, zum Beispiel mit Aufgaben, bei denen mit 1,1 oder 0,11 multipliziert wird. Oder versuche dein Glück mit Zahlen, die ein Komma haben und mit 11 multipliziert werden (z.B. 24,44 € x 11).

a) 2143 x 1,1 = ______

b) 233 x 0,11= ______

c) 443,1 x 11 = ______

d) 222,71 x 11 = ______

e) 342,6 x 1,1 = ______

Lösungen:

a) 2357,3 b) 25,63 c) 4874,1 d) 2449,81 e) 376,86

Zweistellige Zahlen multiplizieren mit einer einstelligen Zahl

Vielleicht eine der wichtigsten Kopfrechenregeln ist, von links nach rechts zu rechnen. In vielen Fällen – doch leider nicht immer – ermöglicht diese Regel, dass du das Ergebnis gleich aufsagen kannst. Wenn du eine zweistellige oder dreistellige Zahl mit einer einstelligen Zahl multiplizierst, dann klappt das ganz gut.

$$24 \times 6 =$$

Schritt 1:

$$2(0) \times 6 = 12(0)$$

Den Zehner ohne Null mit der 6 multiplizieren und dann die Null wieder dranhängen. Du kannst bereits „einhundert“ sagen.

Schritt 2:

$$4 \times 6 = 24$$

Den übrig gebliebenen Einer mit der 6 multiplizieren. Hier kannst du „vierund...“ sagen.

Schritt 3:

$$120 + 24 = 144$$

Die beiden Zwischenergebnisse addieren. Beim Aufsagen fehlt nur noch die Summe der Zehner, also „vierzig“.

Probiere es selbst:

a) 22 x 4 = ______ b) 32 x 7 = ______

c) 56 x 8 = ______ d) 99 x 3 = ______

Lösungen:

a) 88 b) 224 c) 448 d) 297

Dreistellige Zahlen multiplizieren mit einer einstelligen Zahl

Kopfrechenaufgaben mit dreistelligen Zahlen kannst du prinzipiell genauso rechnen wie die mit zweistelligen Zahlen. Der einzige Unterschied ist, dass du nun drei Zwischenergebnisse addierst anstatt zwei. Das mag sich kompliziert anhören, aber mit ein bisschen Übung kannst du auch hier richtig schnell werden.

$$742 \times 4 =$$

Schritt 1:

$$7(00) \times 4 = 28(00)$$

Hunderter ohne Nullen mit der 4 multiplizieren
und dann die Nullen wieder dranhängen.

Schritt 2:

$$4(0) \times 4 = 16(0)$$

Zehner ohne Null mit der 4 multiplizieren
und dann die Null wieder dranhängen.

Schritt 3:

$$2800 + 160 = 2960$$

Beide Zwischenergebnisse addieren, damit du dir
am Ende nicht drei Zwischenergebnisse merken musst.

Schritt 4:

$$2960 + (2 \times 4) = 2968$$

Den Einer mit der 4 multiplizieren und
zum Zwischenergebnis addieren.

Wer möchte, kann in Schritt 3 die letzten Nullen beim Addieren weglassen (280 + 16 = 296) und am Ende wieder eine ans Ergebnis anfügen. Irgendwann machst du dir darüber keine Gedanken mehr und das Ganze läuft automatisch in deinem Kopf ab.

Deine Aufgaben:

a) 431 x 2 = ____ b) 237 x 3 = ____

c) 601 x 4 = ____ d) 918 x 5 = ____

e) 831 x 6 = ____ f) 930 x 7 = ____

g) 221 x 8 = ____ h) 367 x 9 = ____

Lösungen:

a) 862 b) 711 c) 2404 d) 4590

e) 4986 f) 6510 g) 1768 h) 3303

Zweistellige Zahlen multiplizieren mit einer zweistelligen Zahl (Kreuzmultiplikation)

Für diese Aufgabenform gibt es einen interessanten Trick: die sogenannte Kreuzmultiplikation. Es gibt verschiedene Variationen der Ausführung, wobei die hier vorgestellte, sogenannte Ferrol'sche Ausführung die effektivste zu sein scheint. Sie geht zurück auf den Rechenkünstler Dr. Fritz Ferrol, der sich bereits um 1900 mit diesem Rechenverfahren auseinandersetzte.

Beispiel (ohne Übertrag)

12 x 24 =

Du schreibst die Zahlen nicht wie gewohnt in eine Zeile, sondern untereinander. Später stellst du dir die Aufgaben im Kopf so vor:

```
  1 2
x 2 4
```

Schritt 1:

```
  12
   X
x 24
```

Über Kreuz: Zehner mal Einer + Zehner mal Einer
(1 x 4) + (2 x 2) = 8

Ferrol vertritt die Auffassung, dass der komplizierteste Teil der Rechenaufgabe zuerst erledigt werden muss. Bei der Multiplikation zweier zweistelliger Zahlen ist das die eben durchgeführte Über-Kreuz-Rechnung. Sie liefert den Zehner des dreistelligen Ergebnisses: 8.

Schritt 2:

```
  12
  |
x 24
```

Zehner mal Zehner: 1 x 2 = 2

Dieser Schritt liefert den Hunderter: 2

Schritt 3:

```
  12
   |
x 24
```

Einer mal Einer: 2 x 4 = 8

Dieser Schritt berechnet den Einer: 8

Jetzt fügst du die Ergebnisse vom ersten Schritt (8 Zehner), zweiten (2 Hunderter) und dritten (8 Einer) zum Ergebnis zusammen: 288

Beispiel (mit Übertrag)

$$44 \times 53 =$$

Schritt 1:

$$\begin{array}{r} 44 \\ \times \\ \text{x}\quad 53 \end{array}$$

Zehner mal Einer + Zehner mal Einer: (4 x 3) + (5 x 4) = 32
oder 3 Hunderter und 2 Zehner

Schritt 2:

$$\begin{array}{r} 44 \\ | \ \ \\ \text{x}\quad 53 \end{array}$$

Zehner mal Zehner: 4 x 5 = 20 oder 2 Tausender

An dieser Stelle hast du bereits 2 Tausender, 3 Hunderter und 2 Zehner im Kopf und kannst diesen Teil schon aufsagen. Der Englisch sprechende Kopfrechner ist da im Vorteil, weil er die Einer zum Schluss sagt. Also: two thousand – three hundred twenty?

Schritt 3:

$$\begin{array}{r} 44 \\ | \\ \text{x}\quad 53 \end{array}$$

Einer mal Einer: 4 x 3 = 12 oder 2 Einer und 1 Zehner („thirty [2 + 1 Zehner] two“)
Das Ergebnis lautet also: 2332

Nach Ferrols Auffassung bist du mit dieser Schrittabfolge am schnellsten, da du zu Beginn den komplexeren Teil ausrechnest und am Ende den Einer. Somit kannst du früher das Ergebnis aufsagen.

Wer möchte, kann die beiden anderen Varianten auch noch testen.

Variante 1: Schritt 1: Zehner mal Zehner
Schritt 2: Kreuzrechnung
Schritt 3: Einer mal Einer

Variante 2: Schritt 1: Einer mal Einer
Schritt 2: Kreuzrechnung
Schritt 3: Zehner mal Zehner

Deine Aufgaben:

a) 12	b) 31	c) 45	d) 90
x 21	x 42	x 67	x 51
____	____	____	____

e) 55	f) 67	g) 98	h) 88
x 66	x 29	x 91	x 72
____	____	____	____

i) 57	j) 77	k) 99	l) 73
x 78	x 81	x 21	x 66
____	____	____	____

Lösungen:

a) 252 b) 1302 c) 3015 d) 4590
e) 3630 f) 1943 g) 8918 h) 6336
i) 4446 j) 6237 k) 2079 l) 4818

Dreistellige Zahlen multiplizieren mit einer dreistelligen Zahl (Kreuzmultiplikation)

Wer besonders ehrgeizig ist, kann auch dreistellige Zahlen mit dreistelligen multiplizieren. Leider funktioniert hier die Ferrol'sche Methode nicht und wir können nicht von links nach rechts, sondern müssen von rechts nach links rechnen.

Beispiel (mit Übertrag)

$$123 \times 456 =$$

Schritt 1:

```
    1 2 3
        |
x   4 5 6
```

Einer mal Einer: 3 x 6 = 1**8**

Somit steht bereits der Einer des Ergebnisses fest: **8 Einer**
Den Zehner musst du dir merken oder besser noch: mit ihm weiterrechnen.

Schritt 2:

```
    1 2 3
       X
x   4 5 6
```

Zehner aus erstem Schritt + Zehner mal Einer + Zehner mal Einer:
1 + (2 x 6) + (5 x 3) = 2**8**

Jetzt steht auch der Zehner des Ergebnisses fest: **8 Zehner**.
Mit den 2 Hundertern rechnest du gleich weiter, ähnlich wie im ersten Schritt.

Schritt 3:

123
x 456

Hunderter aus zweitem Schritt +
Hunderter mal Einer + Zehner mal Zehner + Einer mal Hunderter:
2 + (1 x 6) + (2 x 5) + (3 x 4) = **30**

Der Hunderter steht fest: **0 Hunderter**
Mit den 3 Tausendern rechnest du wieder weiter.

Schritt 4:

123
x 456

Tausender aus drittem Schritt +
Hunderter mal Zehner + Zehner mal Hunderter:
3 + (1 x 5) + (2 x 4) = **16**

Der Tausender steht auch fest: **6 Tausender**
Den Zehntausender nimmst du mit in den nächsten Schritt.

Schritt 5:

123
x 456

Zehntausender aus viertem Schritt + Hunderter mal Hunderter:
1 + (1 x 4) = **5**

Geschafft! Das waren noch **5 Zehntausender**
Somit heißt dein Gesamtergebnis: **56.088**

Wer dreistellige Zahlen mit zweistelligen Zahlen bzw. zweistellige Zahlen mit dreistelligen Zahlen multiplizieren möchte, geht im Prinzip genauso vor wie im letzten Beispiel, füllt aber den fehlenden Hunderter der zweistelligen Zahl mit einer Null. Zum Beispiel schreibt man 067 anstelle von 67.
Aufgepasst: Wenn du etwas mit Null multiplizierst, dann kommt wieder Null dabei heraus.

Deine Aufgaben:

a) 1 2 3	b) 2 2 4	c) 4 2 3	d) 3 5 5
x 2 1 1	x 2 1 3	x 3 3 5	x 6 0 6
____	____	____	____
e) 3 5 6	f) 7 7 1	g) 9 8 6	h) 1 8 8
x 1 6 7	x 7 2 7	x 8 1 7	x 0 7 2
____	____	____	____
i) 5 5 1	j) 6 9 1	k) 3 8 6	l) 1 9 1
x 2 6 2	x 7 0 1	x 2 1 0	x 0 7 2
____	____	____	____

Lösungen:

a) 25.953	b) 47.712	c) 141.705	d) 215.130
e) 59.452	f) 560.517	g) 805.562	h) 13.536
i) 144.362	j) 484.391	k) 81.060	l) 13.752

Addieren und Subtrahieren

Addieren zwei- und dreistelliger Zahlen

Im Kopf zwei- oder dreistellige Zahlen zu addieren, unterscheidet sich von der klassischen Addition, so wie du sie in der Schule gelernt hast, dadurch, dass du nicht von rechts nach links addierst, sondern von links nach rechts. Während du beim „Schulrechnen“ das Ergebnis erst dann aufsagen kannst, wenn du mit der kompletten Rechnung fertig bist, kannst du beim Kopfrechnen von links nach rechts bereits anfangen, das Ergebnis aufzusagen, wenn du erst einen Teil berechnet hast.

Beispiel 1 (Addieren wie in der Schule)

$$\begin{array}{r} 213 \\ +143 \\ \hline 356 \\ \hline\hline \end{array}$$

zuerst die Einer (3+3), dann die Zehner (1+4),
zum Schluss die Hunderter (2+1)

Beispiel 2 (Kopfrechnen)

$$213 + 143 =$$

$$(200 + 100) +$$

An dieser Stelle kannst du bereits den Hunderter aufsagen, obwohl die Aufgabe noch nicht zu Ende gerechnet ist: **three hundred**

$$(10 + 40) +$$

three hundred **fifty**

$$(3 + 3)$$

three hundred fifty **six** = **356**

Im Deutschen spricht man den Einer, bevor man den Zehner spricht („sechs-und-fünfzig"). Daher ist es manchmal sinnvoll, zuerst den Einer und zum Schluss den Zehner auszurechnen.

Deine Aufgaben:
Berechne zuerst den Einer, dann den Zehner, da man im Deutschen die Zahlen in dieser Reihenfolge spricht. In diesem Fall unterscheidet sich das Kopfrechnen noch nicht vom schulischen Rechnen.

a) 11 + 22 = ____ b) 12 + 25 = ____

c) 34 + 44 = ____ d) 54 + 45 = ____

Lösungen:

a) 33 b) 37 c) 78 d) 99

Deine Aufgaben:
Berechne zuerst den Hunderter, dann den Einer und zum Schluss den Zehner. Natürlich kannst du die Aufgaben auch „in Englisch" rechnen. Dann bestimmst du das Ergebnis in der Reihenfolge: Hunderter, Zehner, Einer.

a) 121 + 234 = ___ b) 243 + 125 = ___

c) 341 + 645 = ___ d) 504 + 615 = ___

e) 431 + 467 = ___ f) 544 + 425 = ___

g) 891 + 106 = ___ h) 584 + 414 = ___

Lösungen:

a) 355 b) 368 c) 986 d) 1119 („elfhundertneunzehn")

e) 898 f) 969 g) 997 h) 998

Enthalten die Zahlen größere Ziffern (ab 5 bis 9) und kommt es bei der Addition zu Überträgen, so rechnest du konsequent von links nach rechts.

$$256 + 567 =$$

$$(200 + 500 = 700) +$$

Die 700 merken.

$$(50 + 60 = 110) +$$

Die 110 zur gemerkten 700 addieren.
Das Ergebnis (810) merken.

$$(6 + 7 = 13)$$

Die 13 zur gemerkten 810 addieren.
Das Endergebnis sagen: 823

Deine Aufgaben:
Berechne zuerst den Hunderter, dann den Zehner und zum Schluss den Einer.

a) 561 + 344 = ___ b) 777 + 527 = ___

c) 391 + 647 = ___ d) 799 + 456 = ___

e) 888 + 333 = ___ f) 999 + 999 = ___

g) 785 + 307 = ___ h) 894 + 957 = ___

Lösungen:

a) 905 b) 1304 c) 1038 d) 1255 (einfacher: 800 + 456 – 1)

e) 1221 f) 1998 (einfacher: 1000 + 1000 2)

g) 1092 h) 1851

Eurobeträge addieren

Die Preise im Supermarkt sind selten glatte Geldbeträge. Daher scheint es schwierig, die Preise der Artikel im Einkaufswagen zu addieren. Meist stehen nach dem Komma unhandliche Cent-Beträge wie 99 oder 98 oder 49. Das hat damit zu tun, dass Preise mit z.B. einer 1 vor dem Komma (1,99 €) besser – weil kleiner – aussehen als mit einer 2 (2,00 €). Auf diese Weise werden Preise optisch aufgehübscht, damit die Kunden eher bereit sind, den Artikel zu kaufen.

Du kaufst beispielsweise 5 Artikel für jeweils 1,99 €.

5 x 1,99 € =

In diesem Fall rundest du auf. Statt also mit 1,99 € rechnest du mit 2 €, weil 5 x 2 € einfacher zu rechnen ist als 5 x 1,99 €. Am Ende deiner Kopfrechnung musst du die 5 Cent, die du draufgeschlagen hast (5 x 1 Cent), natürlich wieder abziehen.

5 x 2 € - 5 Cent =

10 € - 5 Cent = 9,95 €

Deine Einkaufsliste:

a)		b)		c)	
	9,95 €		4,98 €		67,49 €
	1,99 €		15,99 €		119,95 €
	0,49 €		19,49 €		0,99 €
	12,49 €		99,99 €		4,49 €

Lösungen:

a) 25 € 8 Cent = 24,92 €

b) 141 € 55 Cent = 140,45 €

c) 193 € 8 Cent = 192,92 €

Wechselgeld berechnen (von glatten Beträgen*)

Du kaufst im Supermarkt Waren im Wert von 73,47 € und zahlst mit einem 100-Euro-Schein. Was bekommst du an Wechselgeld zurück? Viele Kunden zählen ihr Wechselgeld nicht nach, sondern vertrauen darauf, dass die Kassiererin oder der Kassierer korrekt herausgibt. Mit der folgenden Subtraktionsmethode kannst du spielend leicht das Wechselgeld ausrechnen.

Schritt 1:

100,00 €
73,47 €

Den Zahlbetrag über den Warenwert schreiben.

Schritt 2:

```
  100,00 €
-  73,47 €
----------
   26,53 €
   = =  = =
   9 9  9 10
```

Addiere jede Stelle auf 9 auf:

Zur 7 gehört die 2, denn 7 + 2 = 9.
Zur 3 gehört die 6, denn 3 + 6 = 9.
Zur 4 gehört die 5, denn 4 + 5 = 9.

Nur die letzte Stelle muss auf 10 aufaddiert werden:

Zur 7 gehört die 3, denn 7 + 3 = 10.

Rechne in der Reihenfolge, in der du den Gelbetrag sprichst:

„sechsundzwanzig Euro dreiundfünfzig Cent"

Also zuerst die 6 berechnen, dann die 2, die 3 und am Ende die 5.

* Mit „glatten Beträgen" sind die nächsten Zehnerpotenzen (10, 100, 1000) gemeint.

Im Englischen ist die Reihenfolge eine andere. Die Methode funktioniert auch mit großen Beträgen (falls du mal eine Jacht oder ähnliches kaufst).

```
  1.000.000,00 €
-   821.304,59 €
  --------------
    178.695,41 €
    = = =  = = =  = =
    9 9 9  9 9 9  9 10
```

Auf 9 aufaddieren, die letzte Stelle auf 10 aufaddieren.

Auch bei großen Zahlen rechne, wie du sprichst. Also folgende Reihenfolge: 1 – 8 – 7 – 6 – 5 – 9 Euro und 1 – 4 Cent.

Berechne dein Wechselgeld:

a)	8,33 €	Du zahlst	10,00 €
b)	64,67 €	Du zahlst	100,00 €
c)	24,53 €	Du zahlst	100,00 €
d)	684,53 €	Du zahlst	1000,00 €
e)	981,27 €	Du zahlst	1000,00 €

Lösungen:

a) 1,67 € b) 35,33 € c) 75,47 € d) 315,47 € e) 18,73 €

Angenommen, du kaufst Waren im Wert von 158,33 € und bezahlst mit einem 200-Euro-Schein. Weil man in der Regel auf den nächsten glatten Betrag aufrundet, ist die Berechnung des Rückgeldes auch nicht besonders schwer. Man nimmt als Zahlbetrag immer die nächste Zehnerpotenz. Hier also 1000 statt 200 Euro. Dann errechnet man (wie gehabt) 841,67 und muss am Ende die 800 Euro (die man lediglich der Einfachheit halber addiert hatte) wieder abziehen.

	2	0	0,	0	0 €		
1	0	0	0,	0	0 €	Nächste Zehnerpotenz 10^3
-	1	5	8,	3	3 €		
	~~8~~	4	1,	6	7 €	Die „geliehenen" 800 € abziehen
	=	=	=	=	=		
	9	9	9	9	10		

Berechne dein Wechselgeld:

a) 182,51 € Du zahlst 200,00 €

b) 278,37 € Du zahlst 300,00 €

c) 411,01 € Du zahlst 500,00 €

d) 625,10 € Du zahlst 700,00 €

Lösungen:

a) 17,49 € b) 21,63 € c) 88,99 €

d) 74,90 € Ist die letzte Ziffer im Zahlbetrag eine 0, dann wird die vorletzte Ziffer auf 10 (statt auf 9) aufaddiert.

Wenn du 250,00 € für Waren im Wert von 243,27 € zahlst, dann berechne dein Wechselgeld wie folgt:

	2	5	0,	0	0 €
-	2	3	4,	2	7 €
		1	5,	7	3 €
		=	=	=	=
		4	9	9	10

Den Zehner des Warenpreises musst du hier nicht auf 9, sondern auf 4 aufaddieren, d.h. auf den Zehner des Zahlbetrags (5) minus 1.

Wechselgeld berechnen (von nicht glatten Beträgen)

Nicht immer zahlt man als Kunde mit glatten Beträgen. Wenn du beispielsweise 53,12 € bezahlen musst, und dein Kleingeld loswerden möchtest, dann legst du vielleicht 100,12 € auf die Kasse. Auch in diesem Beispiel ist es einfach, den Restbetrag auszurechnen.

	1	0	0,	1	2	€
-		5	3,	1	2	€
		4	7,	0	0	€
		=	=	=	=	
		9	10			

Sind die Centbeträge gleich, so können sie vernachlässigt werden. Du musst in diesem Fall also lediglich die Euro-Beträge berücksichtigen: Addiere den Einer des Warenwerts auf 10 auf und alle anderen Stellen auf 9.

Berechne das Wechselgeld:

a) 172,33 € Du zahlst 200,33 €

b) 178,55 € Du zahlst 200,55 €

c) 427,81 € Du zahlst 500,81 €

d) 525,10 € Du zahlst 600,10 €

Lösungen:

a) 28 € b) 22 € c) 73 € d) 75 €

Prozentrechnung

Im Alltag begegnen uns oft Prozentangaben wie beispielsweise die Mehrwertsteuer, Preisreduzierungen oder Wertsteigerungen, Richtwertangaben auf Lebensmittelverpackungen, Bewertungen von Tests, Regenwahrscheinlichkeiten oder Angaben zum Speicherplatz. Ein paar einfache Vorgehensweisen erleichtern dir das Rechnen mit den Prozenten. Es handelt sich weniger um Rechentricks als vielmehr um vorhandenes Grundwissen, was kaum genutzt wird, da man oft doch lieber zum Taschenrechner greift. Auf den folgenden Seiten lernst du, wie du dein Grundwissen zum Kopfrechnen nutzen kannst. Übrigens: Das Prozentzeichen % entstand aus dem italienischen Wort „per cento" („von Hundert"). Die Buchstaben c, t, o von „cento" wurden im Laufe der Zeit zum Zeichen %.

100% ist immer das Ganze:

100% von 80 € = 80 €

50% ist die Hälfte (siehe „Teilen durch 2"):

50% von 80 € = 40 €

25% ist die Hälfte von der Hälfte:

25% von 80 € = 20 €

20% ist ein Fünftel (siehe „Teilen durch 5"):

20% von 80 € = 16 €

10% ist ein Zehntel (siehe „Teilen durch 10"):

10% von 80 € = 8 €

5% ist die Hälfte von einem Zehntel:

5% von 80 € = 4 €

1% ist ein Hundertstel (siehe „Teilen durch 100“):

1% von 80 € = 0,80 €

2% ist das Doppelte von einem Hundertstel (siehe „Multiplizieren mit 2“):

2% von 80 € = 1,60 €

Deine Aufgaben:

a) 50% von 120 = ______

b) 25% von 212 = ______

c) 10% von 540 = ______

d) 20% von 41 = ______

e) 1% von 95 = ______

f) 5% von 802 = ______

g) 2% von 99 = ______

Lösungen:

a) 60 (die Hälfte)

b) 53 (die Hälfte von der Hälfte)

c) 54 (geteilt durch 10: die 0 weg)

d) 8,2 (geteilt durch 5: erst verdoppeln, dann durch 10)

e) 0,95 (Komma 2 Stellen nach links)

f) 40,1 (die Hälfte von 10%)

g) 1,98 (das Doppelte von 1%)

Um andere Prozentbeträge ausrechnen zu können, musst du jetzt nur noch die Ergebnisse von oben zusammenbasteln und ein paar einfache Additionen oder Subtraktionen ausführen. Zum Beispiel:

$$26\% = 25\% + 1\%$$

oder

$$19\% = 20\% - 1\%$$

All diese Schritte kannst du im Kopf rechnen.

Weitere Aufgaben:

a) 49% von 120 = ____________

b) 24% von 208 = ____________

c) 12% von 210 = ____________

d) 7% von 820 = ____________

e) 11% von 910 = ____________

f) 110% von 442 = ____________

g) 250% von 864 = ____________

Lösungen:

a) 50% – 1% = 60 – 1,2 = 58,8

b) 25% – 1% = 52 – 2,08 = 49,92

c) 10% + 2% = 21 + 4,2 = 25,2

d) 5% + 2% = 41 + 16,4 = 57,4

e) 10% + 1% = 91 + 9,1 = 100,1

f) 100% + 10% = 442 + 44,2 = 486,2

g) 10 x 25% = 10 x 216 = 2160

Rechnen mit den Fingern

9er-Finger-Einmaleins

Deine beiden Hände mit ausgestreckten Fingern zeigen nach oben. Die Daumen zeigen nach außen (Handflächen zum Gesicht). Der linke Daumen stellt die 1 dar, der rechte Daumen die 10. Du kannst deine Finger am Anfang auch beschriften.

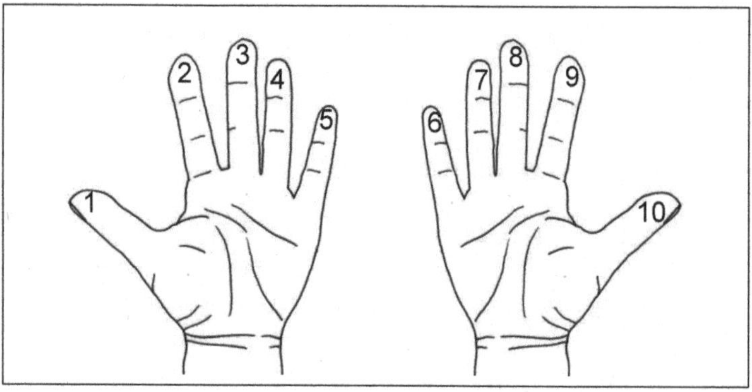

Wenn du den Finger beugst, der mit 9 multipliziert werden soll, dann kannst du das Ergebnis sofort ablesen:
Zähle die ausgestreckten Finger rechts vom gebeugten Finger.
Sie sind der Einer vom Ergebnis. Dann zähle die ausgestreckten Finger links vom gebeugten Finger. Sie sind die Zehner vom Ergebnis.

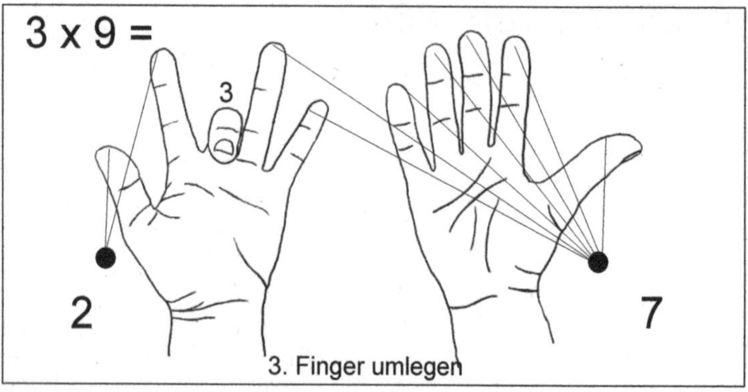

Kleines Einmaleins ab der 5

Es ist anzunehmen, dass schon im Altertum mit den Fingern gerechnet wurde. Unser Dezimalsystem hat sich u.a. deshalb bewährt, weil wir zehn Finger haben. Die römischen Ziffern haben sich nicht durchsetzen können.

Die im Folgenden beschriebene Methode geht auf den persischen Schriftsteller Scheich Bahauddin Amili zurück, der sie Ende des 16. Jahrhunderts aufschrieb und sich mit Algebra intensiv beschäftigte. Du kannst mit seiner Methode das kleine Einmaleins ab der 5 mithilfe deiner Hände rechnen.

Am Anfang kannst du deine Hände mit einem Stift beschriften: Schreibe auf beide Handflächen eine 5, auf die Daumen jeweils eine 6, auf die Zeigefinger eine 7, auf die Mittefinger eine 8, auf die Ringfinger eine 9 und auf die kleinen Finger eine 10.

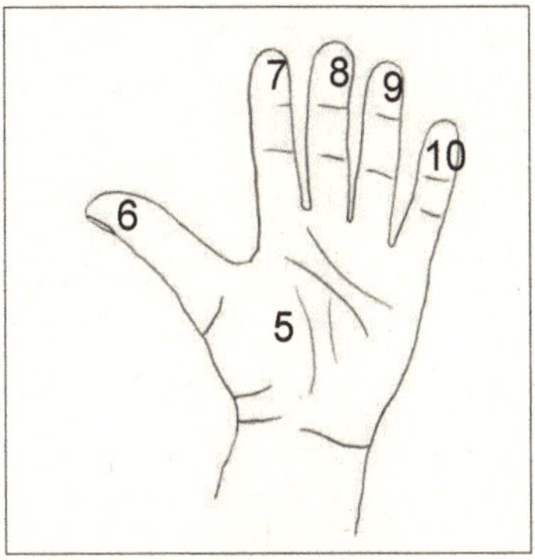

linke Hand

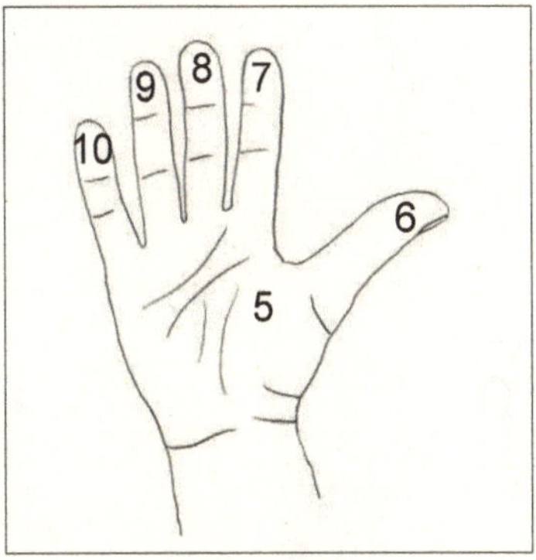

rechte Hand

Die folgenden Bilder zeigen dir, wie du die Hand formen musst, um die Zahlen zwischen 5 und 10 anzuzeigen.

Darstellung der Zahlen mit den Fingern (linke Hand):

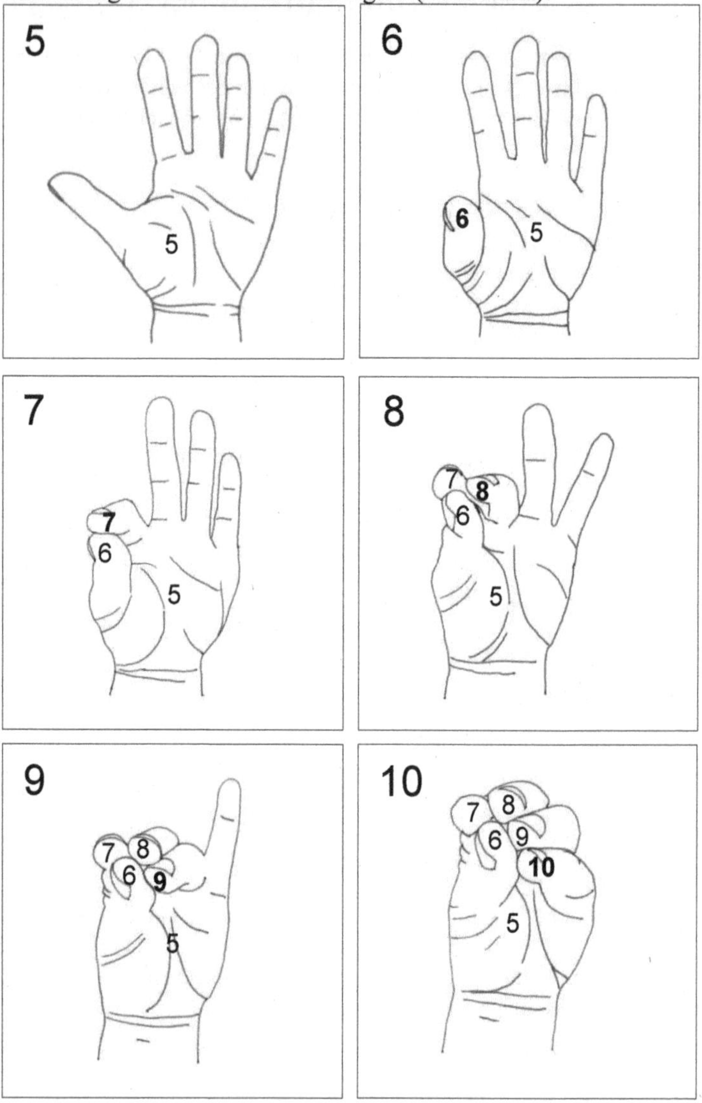

Das Gleiche machst du nun spiegelverkehrt mit der rechten Hand.

Beispiel 1

8 x 8 =

Stelle mit deiner linken und deiner rechten Hand jeweils die 8 dar.

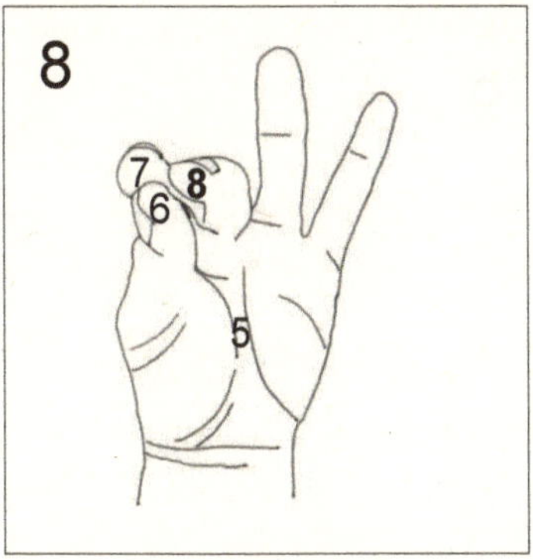

linke Hand

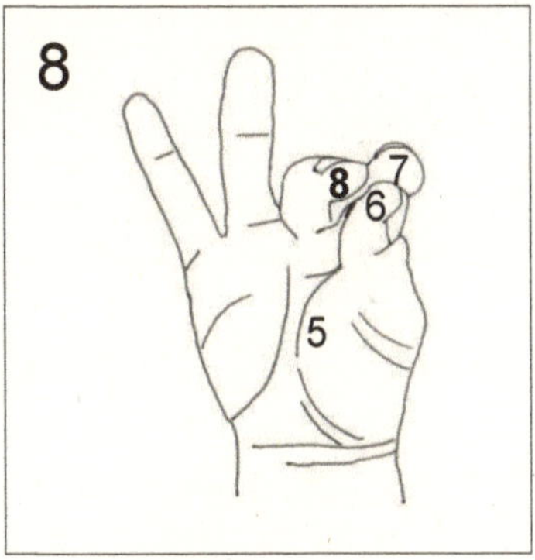

rechte Hand

Füge nun die Finger wie im Bild unten zusammen.
Die Finger, die sich **berühren**, stehen für den **Zehner** des Ergebnisses. **Addiere** beide Fingerzahlen.
Die Finger, die sich **nicht berühren**, stehen für den **Einer** des Ergebnisses. **Multipliziere** beide Fingerzahlen.

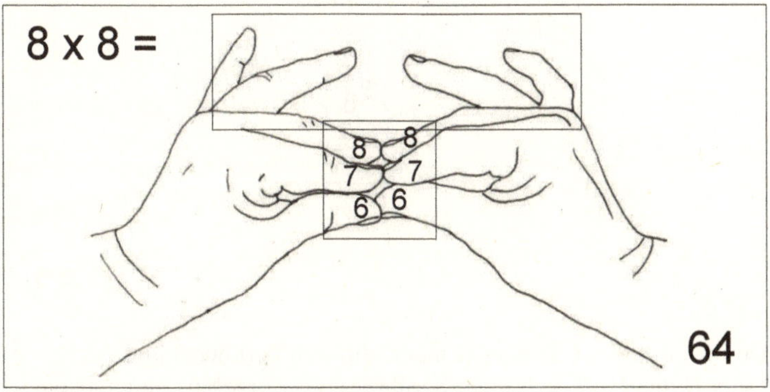

Du hast 3 + 3 = **6** Zehner (Finger, die sich berühren) und 2 x 2 = **4** Einer (Finger, die sich nicht berühren). Das Ergebnis lautet also 64.

<u>Beispiel 2</u>

$$7 \times 9 =$$

Stelle mit deiner linken Hand die 7 und mit deiner rechten Hand die 9 dar.

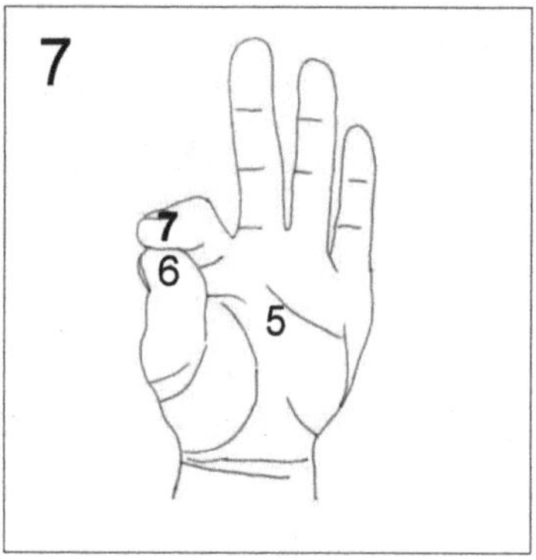

linke Hand

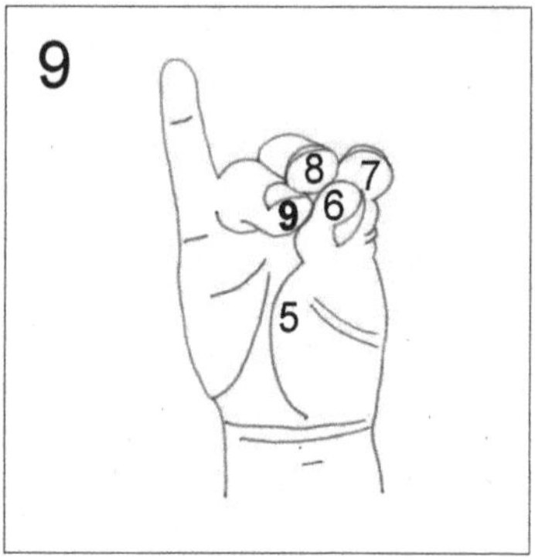

rechte Hand

Füge die Finger zusammen. Die Finger, die sich berühren, zeigen – addiert – den Zehner des Ergebnisses an. Die Finger, die sich nicht berühren, stellen – multipliziert – den Einer dar.

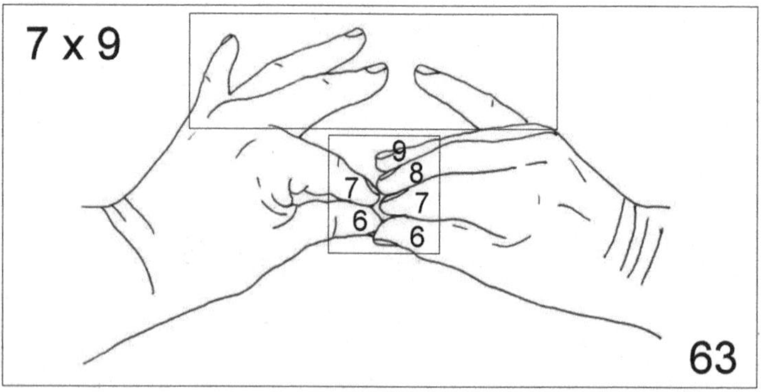

Du hast 2 + 4 = **6** Zehner (Finger, die sich berühren) und 3 x 1 = **3** Einer (Finger, die sich nicht berühren). Das Ergebnis lautet also 63. Wenn du das Prinzip verstanden hast, kannst du die Beschriftung auf deinen Händen bald weglassen. Probiere es aus.

Addieren und Subtrahieren im Zahlenraum bis 99

Die US-amerikanische Professorin für Mathematikdidaktik Jo Boaler von der Universität Stanford konnte nachweisen, dass Rechnen mit den Fingern zu einem besseren Mathematikverständnis führt. „Unsere Finger sind wahrscheinlich unsere beste visuelle Hilfe und entscheidend, um Mathematik zu verstehen und unser Gehirn weiterzuentwickeln, und zwar bis ins Erwachsenenalter.“ Und zu Lehrern gewandt fährt Boaler fort: „Wenn sie Ihre Schüler davon abhalten, mit den Fingern zu rechnen, behindern sie deren mathematische Entwicklung.“ Lehrer sollten daher alle Möglichkeiten nutzen, um mathematische Zusammenhänge zu visualisieren.

Beim Rechnen mit den Fingern kommen die Hände ähnlich wie bei einem Abakus zum Einsatz. Dass man dabei auch richtig schnell werden kann, zeigen uns Schüler aus Indien, die blitzschnell mehrere zweistellige Zahlen addieren können. In Indien hat das Rechnen mit Fingern Tradition.

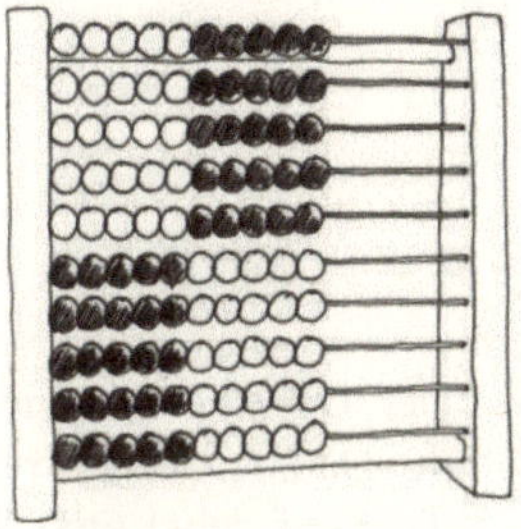

Europäischer Abakus

Die folgenden Bilder zeigen dir, wie du die Hand formen musst, um eine bestimmte Zahl zwischen 0 und 9 anzuzeigen.
Die Finger der linken Hand stellen die Zehner dar, während die Finger der rechten Hand die Einer anzeigen.

Darstellung der Zehner mit der linken Hand

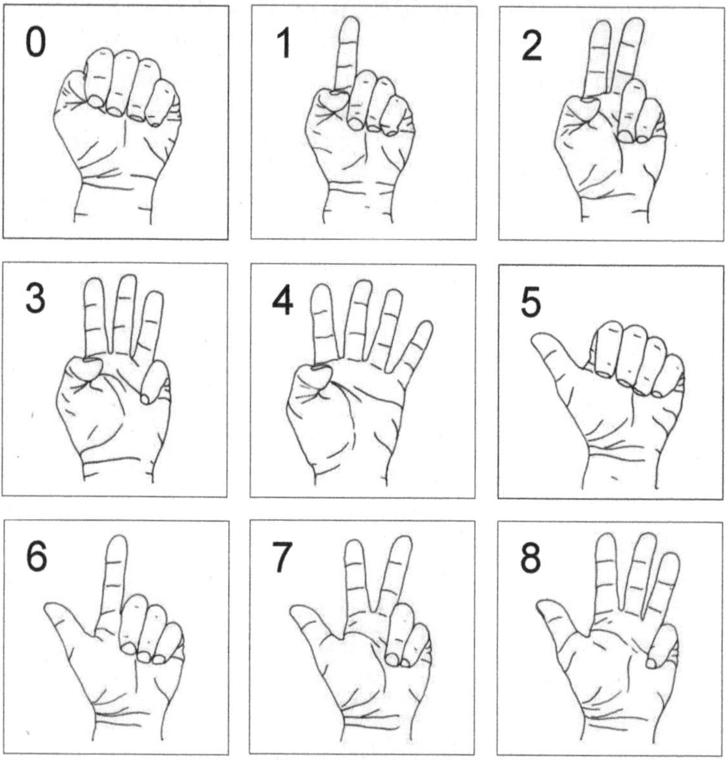

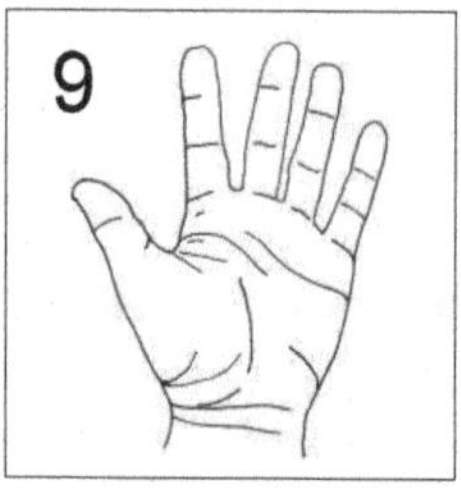

Der Daumen entspricht einer Fünf. Wenn der Daumen ausgestreckt ist, ist also immer die Fünf dabei (+5). Die restlichen Finger stellen jeweils *einen* Zähler dar. Bei der 6 hast du den Daumen (5) plus einen Zähler (1).
Für die rechte Hand, die die Einer darstellt, gilt das gleiche Prinzip.

Bevor du mit dem Rechnen beginnst, sollte die Darstellung der Zahlen richtig gut sitzen.

Darstellung einer zweistelligen Zahl

17

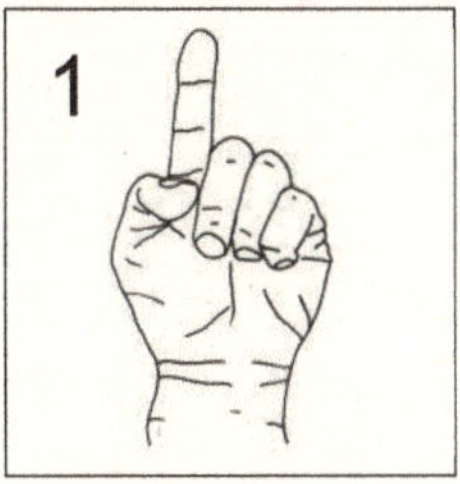

linke Hand (Zehner) rechte Hand (Einer)

54

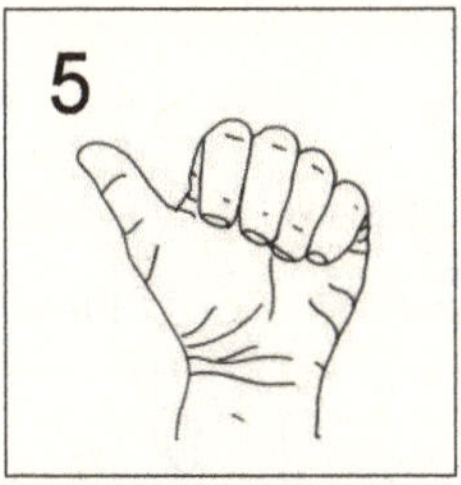

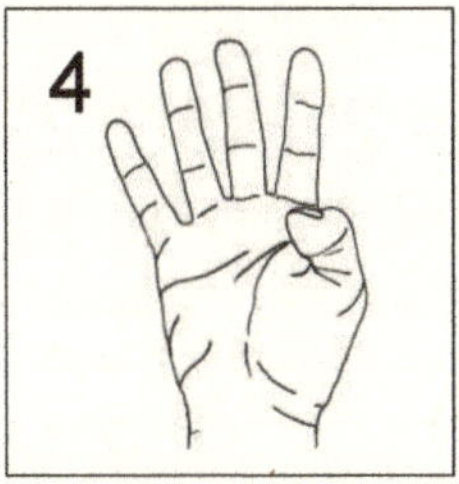

linke Hand (Zehner) rechte Hand (Einer)

Jetzt bist du dran:

18, 44, 76, 96, 25, 11, 92, 30, 74, 49

Rechnen bis 9 mit der rechten Hand

8 + 1 = 9 Zur 8 noch einen Finger dazu.

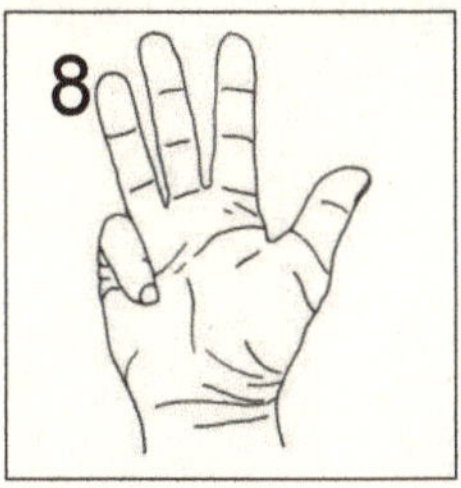

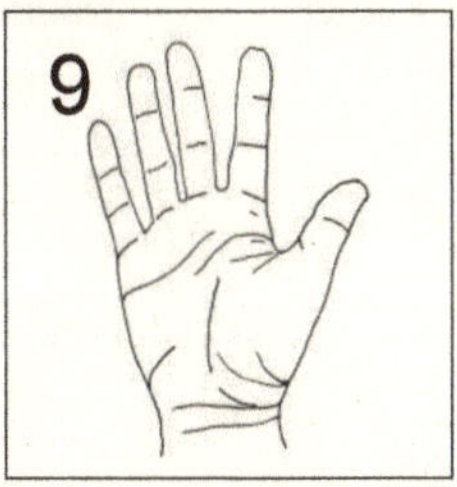

3 + 3 = 3 + (5 – 2) = 6

Zuerst den Daumen dazu (+5), dann zwei Zähler wieder weg.

3 Finger

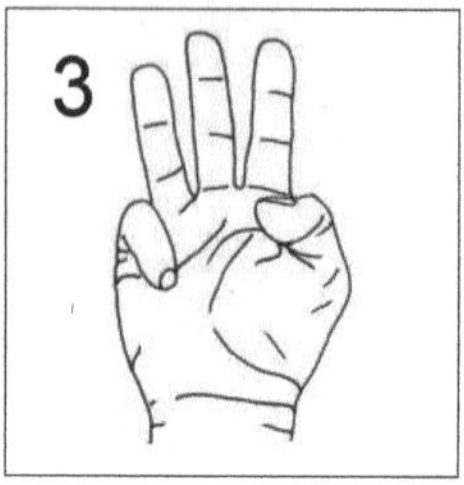

Daumen dazu (+5)

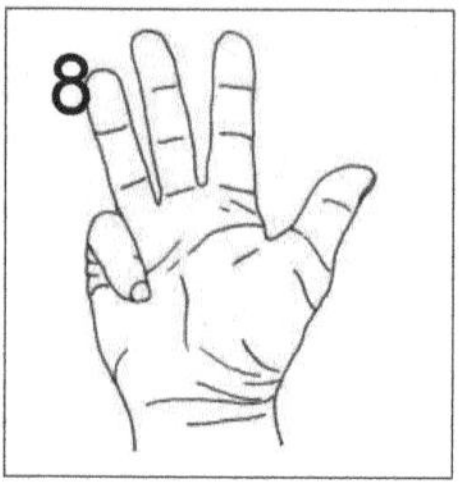

2 Finger wieder weg

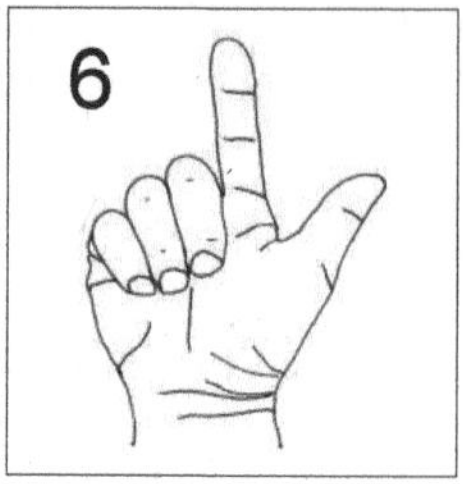

2 + 7 = 2 + (5 + 2) = 9

Zuerst den Daumen dazu (+5), dann noch zwei Zähler dazu.

2 Finger

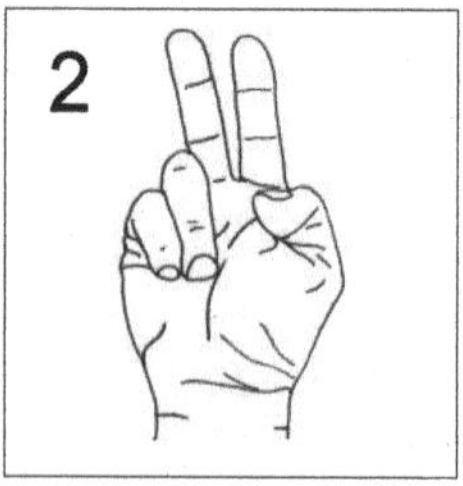

Daumen dazu (+5)

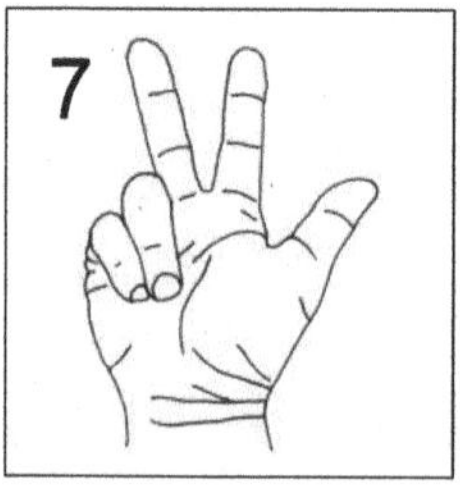

2 Finger dazu

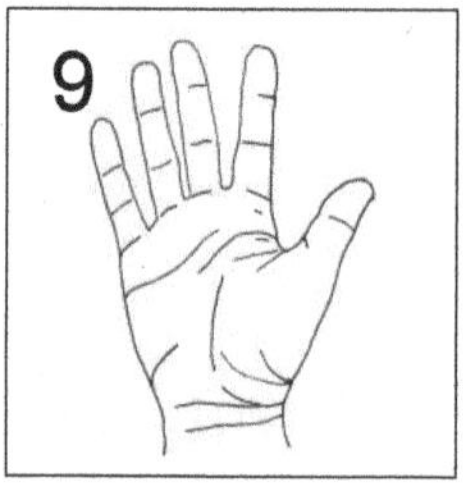

7 – 6 = 7 – 5 – 1 = 1

Zuerst den Daumen weg (5), dann noch einen Zähler weg.

Daumen (=5)
plus 2 Finger

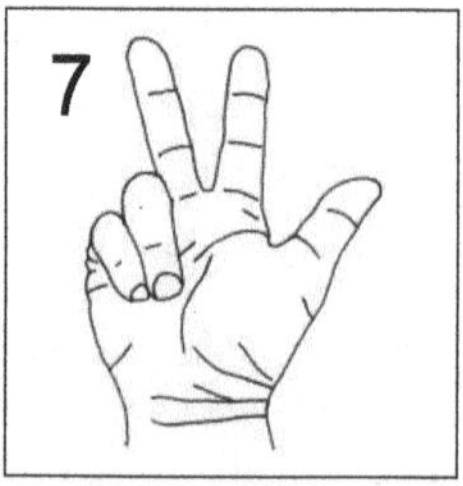

Daumen weg (5)

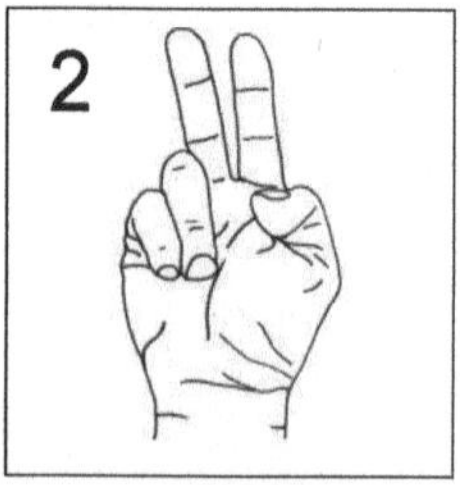

1 Finger weg

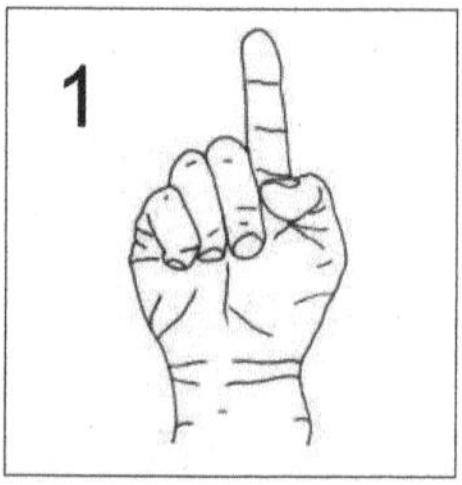

$76 + 13 = 89$ (Addition ohne Übertrag)

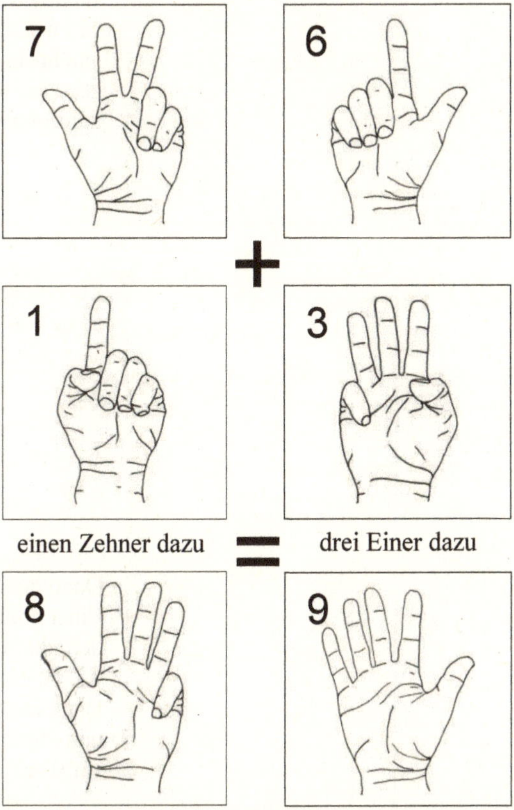

Wenn du mit diesem Fingertrick addierst oder subtrahierst, spielt es keine Rolle, ob du mit der linken Hand oder der rechten Hand beginnst. Im englischsprachigen Raum beginnt man mit dem Zehner zuerst, weil der Zehner der Zahl zuerst genannt wird („seventy six“). Da bei Rechenmeisterschaften die Zahlen oft mündlich vorgegeben werden, kann man schneller rechnen, wenn man entsprechend mit dem Zehner beginnt. Man rechnet quasi „just in time“.

11 – 2 = 9 (Subtraktion mit Übertrag)

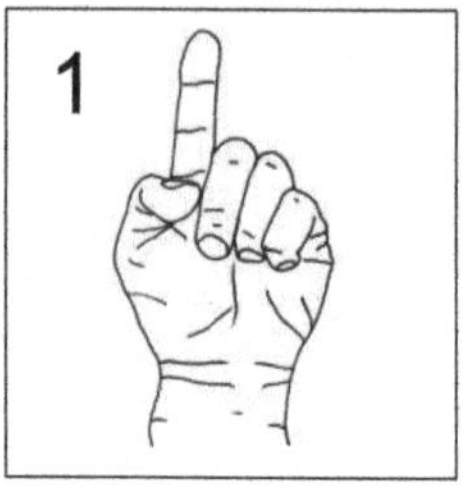

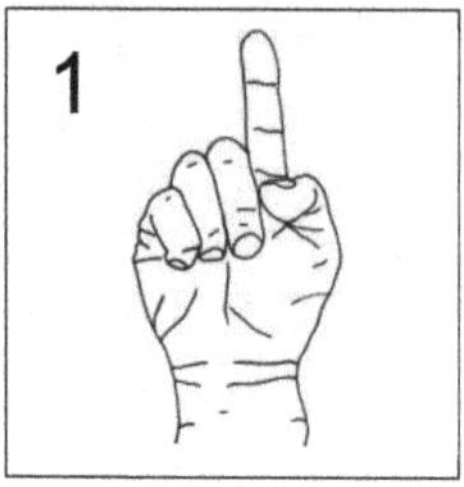

Wenn du von der 11 zwei abziehen möchtest, dann gehe in zwei Schritten vor:

Schritt 1:

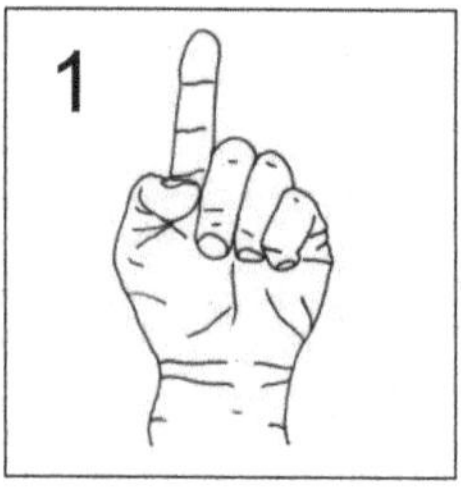

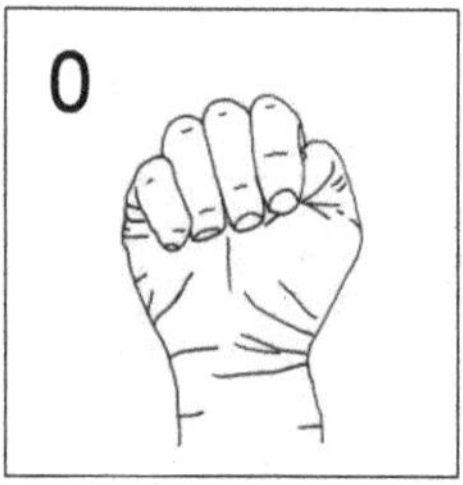

Zuerst einen Einer abziehen:
11 – 1 = 10

Schritt 2:

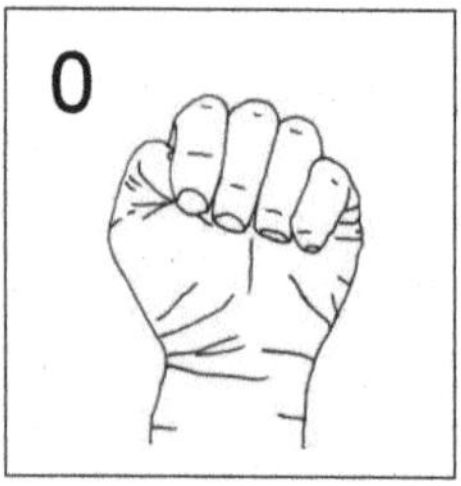

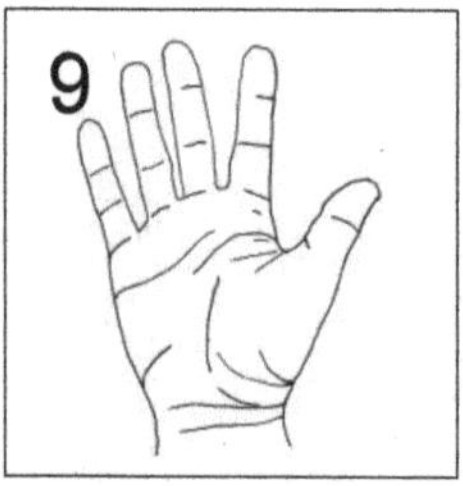

Dann den zweiten Einer abziehen, indem du **gleichzeitig** die rechte Hand zur 9 öffnest und die linke Hand zur 0 schließt.

Bevor du weiterliest, solltest du folgende Aufgaben mit den Fingern lösen können:

12 – 3	15 – 9	21 – 2	18 – 9
17 – 9	11 – 8	72 – 5	12 – 6
10 – 5	13 – 4	36 – 7	16 – 8
12 – 4	12 – 5	27 – 8	38 – 9

65 + 27 = 92 (Addition mit Übertrag)

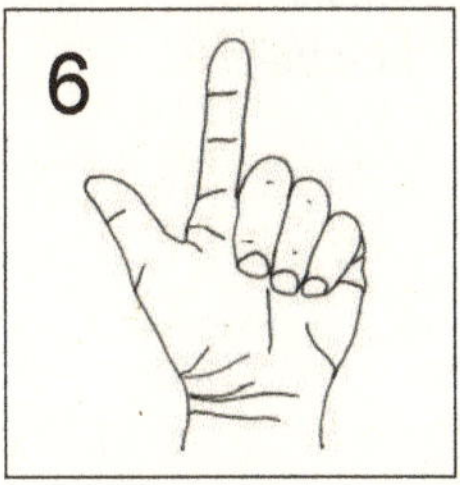

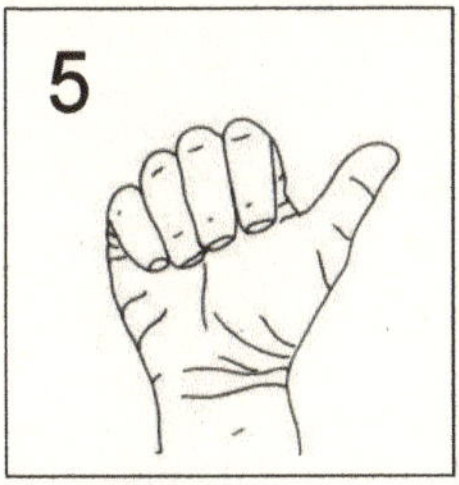

Wenn sich die rechte Hand beim Abzählen zur Faust schließt (= 0), kommt bei der linken Hand **gleichzeitig** ein Zehner dazu. Dies entspricht einem Übertrag. Wenn du z.B. 9 + 1 rechnest, kannst du das gut nachvollziehen. Rechne im Anschluss 9 + 2 und 8 + 4 usw.

+

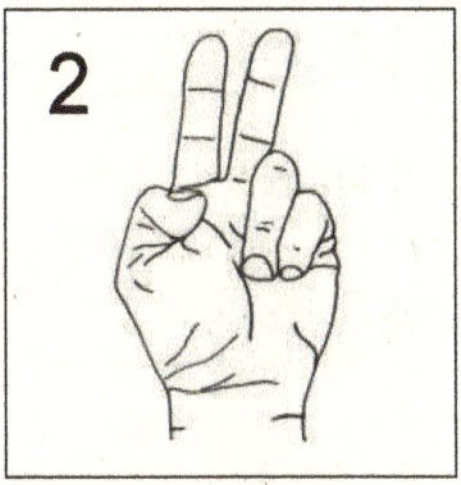

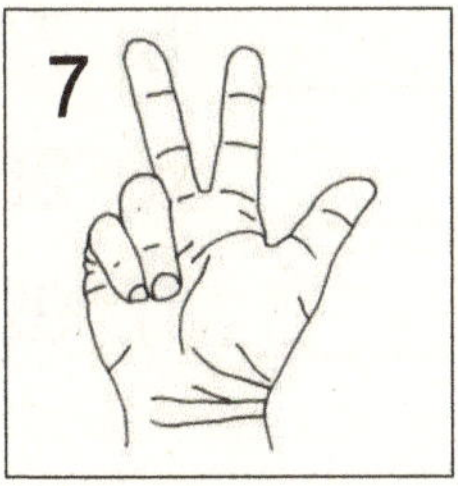

Schritt 1: **+20**

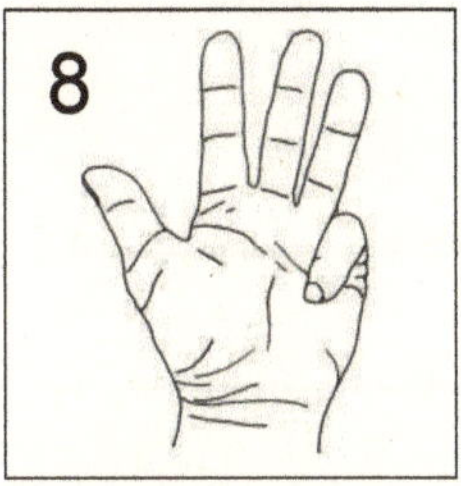

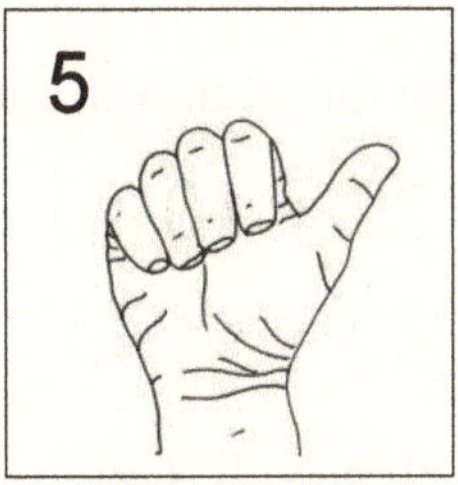

Mit den Zehnern (linke Hand) beginnen und zwei Zähler dazu nehmen.

Schritt 2: **+5**

Von 5 bis 10 sind es 5 Schritte. Bilde mit der rechten Hand eine Faust (= 0) und hebe in der linken Hand einen weiteren Finger (+1 Zehner).Schritt 3: **+2**

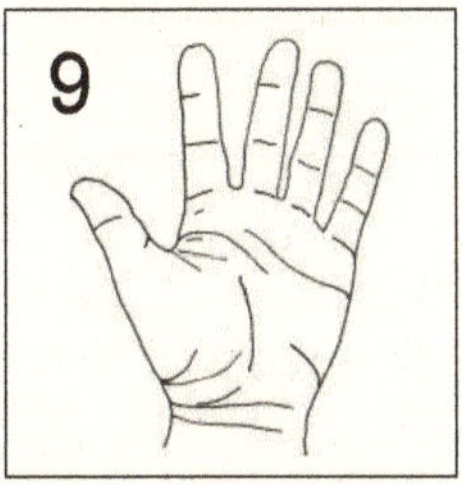

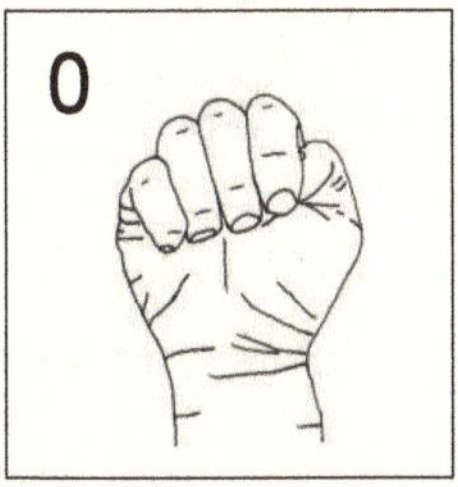

Die Zehner sind fertig. Es fehlen noch zwei Einer:

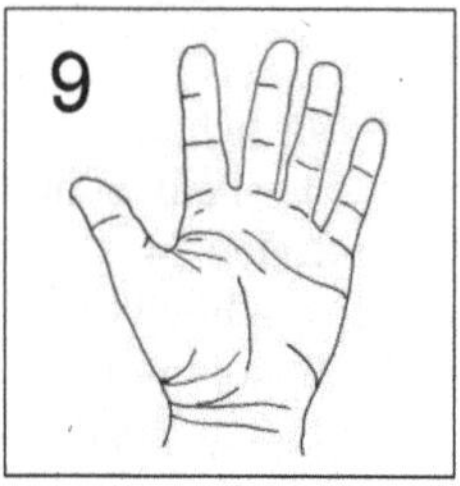

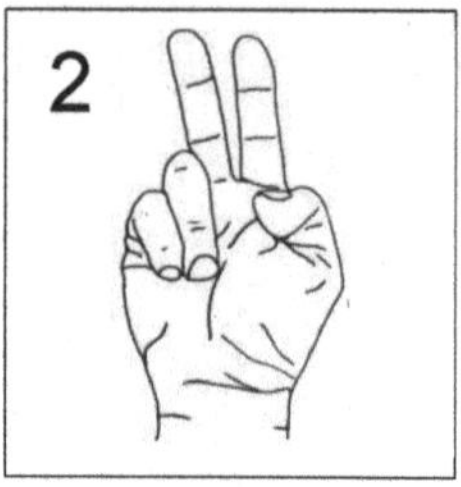

(Faust = 0) + zwei Zähler.
Ergebnis: 92

Um schneller zu werden, musst du üben:

a) 34 + 52 = ____ b) 71 – 11 = ____

c) 19 + 22 = ____ d) 25 – 18 = ____

e) 64 + 28 = ____ f) 99 – 45 = ____

Lösungen:

a) 86 b) 60 c) 41 d) 7 e) 92 f) 54

Etwas länger können die Aufgaben auch sein:

a) 31 + 55 – 22 + 10 = __________

b) 81 + 13 – 52 + 11 = __________

c) 35 + 45 – 18 + 33 = __________

d) 79 – 11 – 45 + 51 = __________

e) 41 + 55 – 77 + 31 = __________

f) 11 + 79 – 80 + 59 = __________

Lösungen:

a) 74 b) 53 c) 95 d) 74 e) 50 f) 69 g) 95

Optimierung

Wie du noch schneller im Kopf rechnest

Schreibe auf Karten das kleine Einmaleins. Geeignet sind Karteikarten im Format DIN A8, die du vielleicht schon fürs Vokabellernen nutzt. Die 2er-Reihe (1x2, 2x2, …, 10x2) bis zur 9er-Reihe (1x9, 2x9, …, 10x9) ergeben 80 Karten. Wenn du möchtest, kannst du auf die Rückseite das Ergebnis schreiben, um bei Bedarf nachsehen zu können.

Nun misch die Karten durch. Mit einer Stoppuhr ermittelst du die Zeit, die du brauchst, um alle Aufgaben zu lösen. Notiere die Zeit in einer Tabelle. Selbst wenn dir das alles ein wenig banal vorkommt, wirst du nach einer Weile merken, dass du immer ein bisschen schneller wirst.

Die zu erreichende Bestzeit entspricht der Zeit, die du brauchst, um die Karten so schnell wie möglich nacheinander aus der Hand zu legen, *ohne* dabei zu rechnen. Diese Zeit sollte dein angestrebtes Ziel sein.

	Zeit 1	Zeit 2	Zeit 3	Tagesbestzeit
Tag 1	3:28	3:54	3:27	3:27
Tag 2	3:45	3:21	3:42	3:21
Tag 3	3:17	3:33	3:39	3:17
Tag 4	3:14	3:29	4:00	3:14
Tag 5	3:17	3:50	3:16	3:16
Tag 6	3:01	3:20	3:20	3:01
Tag 7	3:22	3:04	3:15	3:04
Tag 8	3:01	2:58	2:59	2:58
Tag 9	3:02	2:59	2:29	2:59
Tag 10	2:55	2:59	3:00	2:55

Regelmäßiges Üben (zwei- bis dreimal am Tag) wird deine Geschwindigkeit verbessern!

Um noch flexibler und schneller zu werden, kannst du auf gleiche Weise auch Divisionen (63:7; 63:9 usw.) im Zahlenraum von 0 bis 100 üben.

Nachwort

Nachdem du das Buch durchgearbeitet und vielleicht den einen oder anderen Trick ausprobiert hast, kannst du dir vorstellen, was Rechentricks alles leisten können.
Wenn du im Kopfrechnen richtig gut werden willst, ist es wichtig, dass du regelmäßig übst und allzu große Pausen vermeidest. Jeden Tag zehn Minuten bringen mehr als einmal im Monat acht Stunden. Und wenn du die Rechentricks deinen Freunden und Bekannten erklärst, verfestigen sich die Regeln und du brauchst nicht mehr so lange darüber nachzudenken, welcher der richtige Trick ist und wie er funktioniert.

Sich zeitliche Ziele zu setzen, um die eigene persönliche Bestleistung zu knacken, ist auch eine gute Motivation. So kannst du etwa 20 oder 30 unterschiedliche Aufgaben auswählen, aufschreiben und auf einem anderen Blatt ausrechnen. Die Zeit, die du hierfür benötigst, schreibst du auf das Blatt mit den Aufgaben. Wenn du die Aufgaben im Abstand von ein paar Tagen oder Wochen immer wieder rechnest, wirst du nach einer Weile merken, dass du immer schneller wirst und immer weniger Fehler machst.
Eine weitere Möglichkeit ist, dass du dir einen Mitstreiter suchst. Dann bekommst das Ganze einen sportiven Charakter und der Spaß wird noch größer.

Das Allerwichtigste ist, dass du Freude an der Sache hast, denn Perfektionismus weckt Aggression und diese ist oft ein Hindernis beim Lernen.

Ich wünsche viel Spaß beim Rechnen!

Helmut Lange

www.langewissen.de